어떤 문제도 해결하는
사고력 수학 문제집

박학다식
문해력
수학

초등 6년

2단계

비아에듀
ViaEducation

# 사고력+문해력 융합
## 수학 학습 프로그램

사고력　　문해력

문제해결능력
추론능력
의사소통능력
연결능력
정보처리능력
표현력
어휘력
메타인지능력

발행처 비아에듀 | 지은이 최수일·문해력수학연구팀 | 발행인 한상준 | 초판 1쇄 발행일 2023년 12월 22일
편집 김민정·강탁준·최정휴·손지원·허영범 | 기획 자문 박일(수학체험연구소장) | 삽화 김영화 | 디자인 조경규·김경희·이우현·문지현
주소 서울시 마포구 월드컵북로6길 97 | 전화 02-334-6123 | 홈페이지 viabook.kr

# 문해력이 수학 실력을 좌우합니다

지능 검사는 5개 영역에서 이루어집니다. 어휘적용, 언어추리, 산수추리, 수열추리, 도형추리입니다. 이 중에서 수학 실력과 가장 밀접한 상관관계를 갖는 영역은 무엇일까요? 많은 연구 결과, 수학과 직접적인 관계가 있는 산수추리나 수열추리, 도형추리보다 어휘적용과 언어추리가 수학 실력과의 상관관계가 더 높은 것으로 나타났습니다. '어휘적용'과 '언어추리'가 무엇일까요? 바로 문해력입니다. 문해력이 수학 실력을 좌우합니다.

문해력은 무엇일까요? 문해력은 글을 읽고 의미를 파악하고 이해하는 능력뿐만 아니라 중요한 정보나 사실을 찾고 연결하는 능력이며, 실생활에서 맞닥뜨리는 상황을 이해하고 해결하는 능력입니다. 이는 수학에서 요구하는 역량과도 맞닿아 있습니다. 2024년부터 적용되는 새로운 수학 교육과정은 문제해결, 추론, 의사소통, 연결, 정보처리의 5대 교과 역량을 기반으로 구성됩니다. 또한, 최근 세계적으로 우수한 인재를 위한 교육 프로그램으로 인정받고 있는 IB(International Baccalaureate) 프로그램에서도 사고력을 키워주는 역량 중심의 교육과정을 지향하고 있습니다. 초등수학 IB 프로그램은 위에서 언급한 역량을 키우기 위해 서술형, 논술형 문제를 통해 설명하기(프리젠테이션)와 글쓰기 공부를 강조하고 있습니다.

지식과 정보가 폭발적으로 증가하는 사회에 능동적으로 대응할 수 있는 역량을 갖추는 공부가 절실히 필요한 때입니다. 수학 개념을 정확하고 논리적으로 설명할 줄 아는 공부야말로 미래를 준비하고, 대처할 수 있는 능력을 키워 줄 수 있습니다. 『박학다식 문해력 수학』은 수학 교육과정에서 요구하는 5대 역량과 '설명하기'를 통해 학생이 개념을 충분히 인지하였는지를 알 수 있는 메타인지능력, 그리고 문해력을 동시에 키울 수 있는 교재입니다.

이 책과 함께 성장하는 여러분의 미래를 응원합니다.

# 박학다식 문해력 수학

## step 1

### 내비게이션

교과서의 교육과정과
학습 주제를 확인해 보세요.
문제에 집중하다 보면
길을 잃기도 하거든요.
내가 공부하고 있는 위치를
확인하는 습관을 지녀보세요.

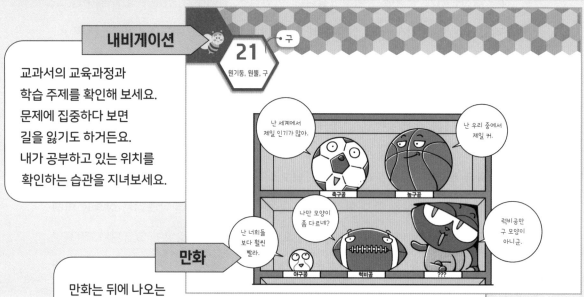

### 만화

만화는 뒤에 나오는
'수학 문해력'과 연결이 돼요. 만화를 보며 해당 학습 주제에 대해 상상해 보세요.
그리고 이 주제를 '왜' 배워야 하는지 생각해 보세요.

### 30초 개념

수학은 '뜻(정의)'과 '성질'이
중요한 과목입니다.
꼭 알아야 할 핵심만
정리해 한눈에 개념을
이해할 수 있어요.

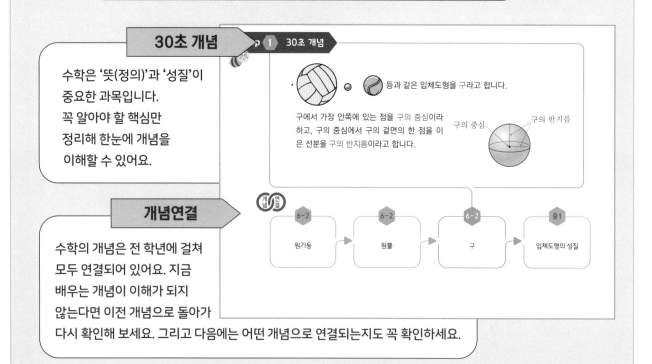

### 개념연결

수학의 개념은 전 학년에 걸쳐
모두 연결되어 있어요. 지금
배우는 개념이 이해가 되지
않는다면 이전 개념으로 돌아가
다시 확인해 보세요. 그리고 다음에는 어떤 개념으로 연결되는지도 꼭 확인하세요.

매일 한 주제씩 꾸준히 공부하는 습관을 키워 보세요.
'빨리'보다는 '정확하게' 학습 내용을 이해하는 것이 중요합니다.

공부한 날    월    일

step 2 설명하기

질문 ❶ 원기둥, 원뿔, 구를 보고 공통점과 차이점을 설명해 보세요.

설명하기  공통점
• 모두 굽은 면으로 둘러싸여 있습니다.
• 위에서 본 모양은 모두 원입니다.
차이점
• 원기둥과 원뿔은 밑면의 모양이 원인데 구는 밑면이 없습니다.
• 뾰족한 부분이 있는데 원기둥과 구는 없습니다.
• 앞과 옆에서 본 모양은 원기둥은 직사각형, 원뿔은 이등변삼각형, 구는 원입니다.

설명하기

'30초 개념'을 질문과 설명의 형식으로
쉽고 자세하게 풀어놓았어요.

질문 ❷ 반원 모양의 종이를 지름을 기준으로 돌렸을 때 만들어지는 입체도형을 그려 보세요.

지름을 기준으로 반원 모양의 종이를 한 바퀴 돌리면 구가 만들어집니다.

• 이렇게 공부해 보세요!
1. 무엇을 묻는 질문인지 이해한다.
2. '설명하기'를 소리 내어 읽는다.
3. 친구에게 설명한다.
4. 손으로 직접 써서 정리한다.

이 과정을 거치게 되면 초등수학의
모든 개념을 정복할 수 있어요.

5

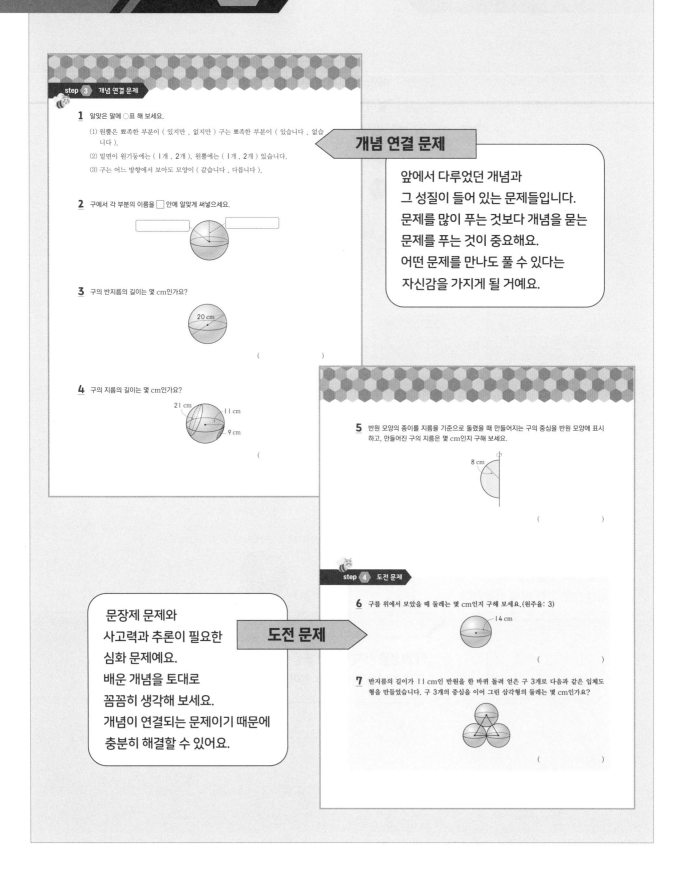

step ③ 개념 연결 문제

**1** 알맞은 말에 ◯표 해 보세요.

(1) 원뿔은 뾰족한 부분이 ( 있지만 , 없지만 ) 구는 뾰족한 부분이 ( 있습니다 , 없습니다 ).

(2) 밑면이 원기둥에는 ( 1개 , 2개 ), 원뿔에는 ( 1개 , 2개 ) 있습니다.

(3) 구는 어느 방향에서 보아도 모양이 ( 같습니다 , 다릅니다 ).

**2** 구에서 각 부분의 이름을 □ 안에 알맞게 써넣으세요.

**3** 구의 반지름의 길이는 몇 cm인가요?

20 cm

(                    )

**4** 구의 지름의 길이는 몇 cm인가요?

21 cm  11 cm  9 cm

(                    )

**개념 연결 문제**

앞에서 다루었던 개념과
그 성질이 들어 있는 문제들입니다.
문제를 많이 푸는 것보다 개념을 묻는
문제를 푸는 것이 중요해요.
어떤 문제를 만나도 풀 수 있다는
자신감을 가지게 될 거예요.

**5** 반원 모양의 종이를 지름을 기준으로 돌렸을 때 만들어지는 구의 중심을 반원 모양에 표시하고, 만들어진 구의 지름은 몇 cm인지 구해 보세요.

8 cm

(                    )

step ④ 도전 문제

**도전 문제**

문장제 문제와
사고력과 추론이 필요한
심화 문제예요.
배운 개념을 토대로
꼼꼼히 생각해 보세요.
개념이 연결되는 문제이기 때문에
충분히 해결할 수 있어요.

**6** 구를 위에서 보았을 때 둘레는 몇 cm인지 구해 보세요. (원주율: 3)

14 cm

(                    )

**7** 반지름의 길이가 11 cm인 반원을 한 바퀴 돌려 얻은 구 3개로 다음과 같은 입체도형을 만들었습니다. 구 3개의 중심을 이어 그린 삼각형의 둘레는 몇 cm인가요?

(                    )

## 천체가 모두 둥근 이유는 무엇일까?

우리는 별을 ☆과 같이 그린다. 하지만 실제 별은 둥근 공 모양이다. 지구와 같은 행성도 둥근 공 모양이다. 왜 천체는 모두 공 모양일까?

해왕성 천왕성  토성  목성  화성  지구 금성 수성

태양과 지구 등 천체가 둥근 이유는 바로 항성의 중심에서 끌어당기는 중력 때문이다. 중력은 천체의 중심에서 모든 방향으로 작용하기 때문에 천체는 구 모양이 될 수밖에 없다. 가령 태양 같은 별은 유체 상태이다. 즉, 고체가 아니기 때문에 중심에서 끌어당기는 중력과 자전할 때의 원심력이 균형을 이루면서 공 모양이 된다.

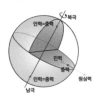

그런데 지구와 같은 행성은 고체인데 왜 공 모양일까? 그 이유는 지구와 같은 행성도 처음 만들어질 때는 유체 상태이기 때문이다. 태양계에서 행성과 위성(달)은 작은 천체 조각들이 서로 부딪히고 점점 커지면서 형성된다. 뜨거운 조각들이 부딪히면 열이 발생하고, 그 열로 액체 상태가 되면서 커지는데, 이때 둥근 모양을 가지게 되고, 식으면서 굳기 때문에 행성이나 위성도 모두 둥근 공 모양이 되는 것이다. 반면 달보다 작은 소행성들은 울퉁불퉁 그 모양이 제각각이다. 이들은 유체 상태를 거치지 않고, 크기가 작은 만큼 중력 역시 적게 받기 때문에 처음 생긴 울퉁불퉁한 암석 모양 그대로인 것이다.

＊ 유체: 액체와 기체를 합쳐 부르는 용어
＊ 원심력: 원운동을 하는 물체가 중심 밖으로 나아가려는 힘

---

step 5 수학 문해력 기르기

## 수학 문해력 기르기

설명문, 논설문, 신문 기사,
동화, 만화 등 다양한 분야의
읽을거리를 읽어 보세요.
긴 문장을 읽고 문제의 핵심을
파악하는 능력을 기를 수 있어요.

**1** 이 글에서 천체가 둥근 이유가 무엇인지 찾아 ☐ 안에 알맞은 말을 써넣으세요.

천체가 둥근 이유는 항성의 중심에서 끌어당기는 ☐☐과 자전할 때의 ☐☐☐이 균형을 이루면 공 모양이 되기 때문이다.

[2 ~ 3] 행성들을 보고, 물음에 답하세요.

해왕성 천왕성  토성      화성  지구 금성 수성

**2** 행성들은 입체도형 중 어떤 모양을 하고 있는지 이름을 써 보세요.

( )

**3** 태양을 제외하고 반지름의 길이가 가장 큰 행성을 찾아 이름을 써 보세요.

( )

**4** 태양계 행성들의 반지름의 길이입니다. 지구와 그 크기가 가장 비슷한 행성을 찾아 이름을 써 보세요.

| 명칭 | 크기(반지름) | 명칭 | 크기(반지름) |
|------|------------|------|------------|
| 태양 | 695,000 km | 목성 | 71,492 km |
| 수성 | 2,439 km | 토성 | 60,268 km |
| 금성 | 6,052 km | 천왕성 | 25,559 km |
| 지구 | 6,378 km | 해왕성 | 24,764 km |
| 화성 | 3,390 km | | |

( )

읽을거리 안에는 앞서 배운
개념을 묻는 문제가 있어요.
문제를 푸는 과정에서
어휘력과 독해력을 키우고,
읽을거리에 담겨 있는 지식과
정보도 얻을 수 있답니다.
수학 개념과 읽기 능력,
두 마리 토끼를 잡아 보세요.

# 박학다식 문해력 수학 초등 6-2단계

## 1단원 | 분수의 나눗셈

## 2단원 | 소수의 나눗셈

## 3단원 | 공간과 입체

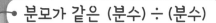

# 01

분수의 나눗셈

## step 1   30초 개념

- 분모가 같은 (분수)÷(분수)는 분자끼리의 나눗셈으로 계산합니다.

$\dfrac{8}{9}$ 은 $\dfrac{1}{9}$ 이 8개, $\dfrac{2}{9}$ 는 $\dfrac{1}{9}$ 이 2개이므로 8÷2로 계산할 수 있습니다.

$$\dfrac{8}{9} \div \dfrac{2}{9} = 8 \div 2 = 4$$

또한 $\dfrac{8}{9} - \dfrac{2}{9} - \dfrac{2}{9} - \dfrac{2}{9} - \dfrac{2}{9} = 0$ 이므로 $\dfrac{8}{9} \div \dfrac{2}{9} = 4$ 입니다.

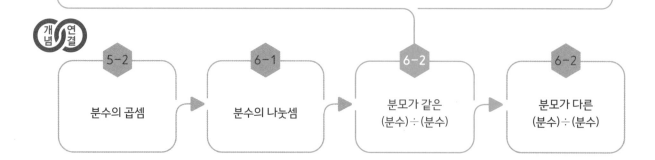

| 5-2 | 6-1 | 6-2 | 6-2 |
|---|---|---|---|
| 분수의 곱셈 | 분수의 나눗셈 | 분모가 같은 (분수)÷(분수) | 분모가 다른 (분수)÷(분수) |

 step 2 설명하기

질문 ❶ $\dfrac{3}{4}$을 그림에 나타내어 $\dfrac{3}{4} \div \dfrac{1}{4}$을 계산해 보세요.

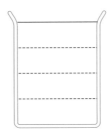

설명하기 $\dfrac{3}{4}$을 그림에 나타내면 다음과 같습니다.

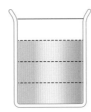

$\dfrac{3}{4}$은 $\dfrac{1}{4}$이 3개이므로 $\dfrac{3}{4} \div \dfrac{1}{4} = 3$입니다.

또한 $\dfrac{3}{4} - \dfrac{1}{4} - \dfrac{1}{4} - \dfrac{1}{4} = 0$이므로 $\dfrac{3}{4} \div \dfrac{1}{4} = 3$입니다.

질문 ❷ $5 \div 2$를 이용하여 $\dfrac{5}{7} \div \dfrac{2}{7}$를 계산하는 방법을 설명해 보세요.

설명하기 $\dfrac{5}{7}$는 $\dfrac{1}{7}$이 5개이고 $\dfrac{2}{7}$는 $\dfrac{1}{7}$이 2개이므로 $\dfrac{5}{7} \div \dfrac{2}{7}$는 5를 2로 나누는 것과 같습니다.

따라서 $\dfrac{5}{7} \div \dfrac{2}{7}$는 $5 \div 2$를 계산한 결과와 같습니다.

$5 \div 2 = \dfrac{5}{2}$이므로 $\dfrac{5}{7} \div \dfrac{2}{7} = 5 \div 2 = \dfrac{5}{2} = 2\dfrac{1}{2}$입니다.

**1**  그림을 보고 ☐ 안에 알맞은 수를 써넣으세요.

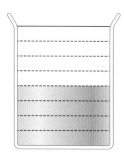

$\dfrac{4}{8}$에는 $\dfrac{1}{8}$이 ☐번 들어 있습니다.

➡ $\dfrac{4}{8} \div \dfrac{1}{8} =$ ☐

**2**  ☐ 안에 알맞은 수를 써넣으세요.

$\dfrac{8}{9}$은 $\dfrac{1}{9}$이 ☐개이고, $\dfrac{2}{9}$는 $\dfrac{1}{9}$이 ☐개이므로 $\dfrac{8}{9} \div \dfrac{2}{9} =$ ☐입니다.

**3**  계산해 보세요.

(1) $\dfrac{2}{3} \div \dfrac{1}{3}$

(2) $\dfrac{6}{11} \div \dfrac{2}{11}$

(3) $\dfrac{10}{13} \div \dfrac{2}{13}$

(4) $\dfrac{12}{13} \div \dfrac{3}{13}$

**4**  그림을 보고 ☐ 안에 알맞은 수를 써넣으세요.

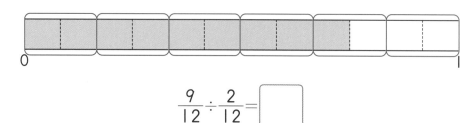

$\dfrac{9}{12} \div \dfrac{2}{12} =$ ☐

**5** 계산해 보세요.

(1) $\dfrac{15}{16} \div \dfrac{7}{16}$

(2) $\dfrac{21}{23} \div \dfrac{13}{23}$

**6** 계산 결과를 비교하여 ○ 안에 >, =, <를 알맞게 써넣으세요.

$$\dfrac{10}{11} \div \dfrac{5}{11} \quad \bigcirc \quad \dfrac{13}{11} \div \dfrac{8}{11}$$

step **4** 도전 문제

**7** 보기 의 분수 중 2개를 골라 계산 결과가 가장 큰 나눗셈식을 만들어 계산해 보세요.

보기

$$\dfrac{11}{23} \qquad \dfrac{20}{23} \qquad \dfrac{17}{23} \qquad \dfrac{7}{23} \qquad \dfrac{13}{23}$$

식 _____

답 _____

**8** □ 안에 들어갈 수 있는 자연수를 모두 구해 보세요.

$$\square < \dfrac{36}{37} \div \dfrac{5}{37}$$

(                              )

# 건강에 좋은 해독* 주스 만들기

건강과 다이어트에 도움이 된다고 알려진 해독 주스!

이름 그대로 독소를 배출시켜서 다이어트 외에도 피부 건강, 장 건강에 도움을 준다. 해독 주스 레시피를 알아보자.

**주재료**

양배추 $\frac{1}{4}$통, 브로콜리 1개, 당근 $1\frac{1}{2}$개, 작은 토마토 3개,

바나나 1개, 오이 $\frac{1}{2}$개, 요구르트 1개

**만드는 순서**

❶ 양배추는 손가락 두 마디 크기로 잘라 흐르는 물에 씻는다.

❷ 브로콜리는 밑동을 잘라 내고 한 송이씩 잘라서 식초 물에 한 번 씻은 다음, 흐르는 물에 다시 한 번 씻는다.

❸ 당근도 손가락 한 마디 크기로 자르고 일회용 비닐 4개에 소분*해 담는다.

❹ 소분한 당근 1봉지와 작은 토마토 3개를 냄비에 넣고 끓인다.

❺ 강불에서 끓이다가 확 끓어오르면 중약불에서 20분간 끓여 식힌다.

❻ 다 식었으면 끓였던 물까지 같이 넣어 갈아 준다. 주스가 $\frac{3}{5}$ L 정도 만들어지는데 반은 먹고, 반은 바나나 1개, 오이 $\frac{1}{2}$ 개를 넣어 갈아 준다.

❼ 바나나와 오이를 넣은 주스를 다시 반으로 나누어 반은 요구르트 1개와, 다른 하나는 생수 1컵과 섞어 먹으면 다양하게 즐길 수 있다.

* **해독**: 몸 안에 들어간 독성 물질의 작용을 없애는 것
* **소분**: 작게 나눔.

**1** 글을 읽고 □ 안에 알맞은 말을 써넣으세요.

이 글은 건강과 다이어트에 도움이 된다고 알려진 □□ □□ 레시피를 알려 준다.


**2** 해독 주스를 만드는 과정이 맞으면 ○표, 틀리면 ✕표 해 보세요.

(1) 재료를 준비할 때 양배추는 손가락 두 마디 크기로 자르고, 당근은 손가락 한 마디 크기로 자른다. (          )

(2) 재료를 강불에 끓이다가 확 끓어오르면 약불로 줄여 끓인다. (          )


**3** 양배추가 $\frac{3}{4}$통 있을 때, 이 레시피를 이용하면 해독 주스를 몇 번 만들 수 있을까요?

식 _____

답 _____


**4** **만드는 순서** ❻에서 바나나와 오이를 넣고 갈면 주스 $\frac{4}{5}$ L가 만들어집니다. 이 주스를 하루에 $\frac{1}{5}$ L씩 마시면 며칠 동안 마실 수 있을까요? 그림으로 나타내어 답을 구해 보세요.

(                    )


**5** 봄이는 해독 주스 $\frac{18}{19}$ L를 만들었습니다. 이 주스를 하루에 $\frac{2}{19}$ L씩 마시면 며칠 동안 마실 수 있는지 구해 보세요.

(                    )

step 1  30초 개념

• 분모가 다른 (분수)÷(분수)는 분모를 같게 통분하면 분모가 같은 (분수)÷(분수)와
같이 분자끼리의 나눗셈으로 계산할 수 있습니다.

분자끼리 나누기

$$\frac{2}{3} \div \frac{5}{6} = \frac{4}{6} \div \frac{5}{6} = 4 \div 5 = \frac{4}{5}$$

분모를 같게 통분하기

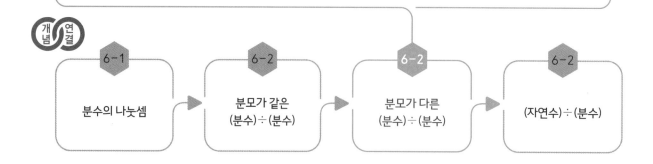

step ② 설명하기

질문 ❶ 분모를 통분하여 $\dfrac{3}{4} \div \dfrac{3}{8}$ 을 계산하고 그 방법을 설명해 보세요.

설명하기 분모를 통분하면 $\dfrac{3}{4} \div \dfrac{3}{8} = \dfrac{6}{8} \div \dfrac{3}{8}$ 입니다.

$\dfrac{6}{8} \div \dfrac{3}{8}$ 은 분모가 같으므로 분자끼리의 나눗셈, 즉 $6 \div 3$ 과 같습니다.

정리하면

$$\dfrac{3}{4} \div \dfrac{3}{8} = \dfrac{6}{8} \div \dfrac{3}{8} = 6 \div 3 = 2$$

질문 ❷ 분모를 통분하여 $\dfrac{2}{5} \div \dfrac{1}{4}$ 을 계산하고 그 방법을 설명해 보세요.

설명하기 분모를 통분하면 $\dfrac{2}{5} \div \dfrac{1}{4} = \dfrac{8}{20} \div \dfrac{5}{20}$ 입니다.

$\dfrac{8}{20} \div \dfrac{5}{20}$ 는 분모가 같으므로 분자끼리의 나눗셈, 즉 $8 \div 5$ 와 같습니다.

정리하면

$$\dfrac{2}{5} \div \dfrac{1}{4} = \dfrac{8}{20} \div \dfrac{5}{20} = 8 \div 5 = \dfrac{8}{5} = 1\dfrac{3}{5}$$

대분수를 나눌 때는 대분수를 가분수로 고쳐서 통분하면 됩니다.

$$1\dfrac{1}{2} \div \dfrac{4}{5} = \dfrac{3}{2} \div \dfrac{4}{5} = \dfrac{15}{10} \div \dfrac{8}{10} = 15 \div 8 = \dfrac{15}{8} = 1\dfrac{7}{8}$$

**1** 그림을 보고 ☐ 안에 알맞은 수를 써넣으세요.

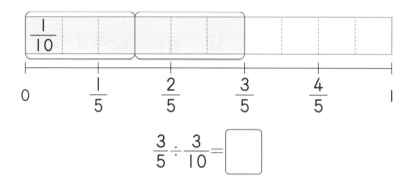

$$\frac{3}{5} \div \frac{3}{10} = \boxed{\phantom{0}}$$

**2** ☐ 안에 알맞은 수를 써넣으세요.

$$\frac{5}{6} \div \frac{3}{24} = \frac{\boxed{\phantom{0}}}{24} \div \frac{\boxed{\phantom{0}}}{24} = \boxed{\phantom{0}} \div \boxed{\phantom{0}} = \boxed{\phantom{0}} = \boxed{\phantom{0}}$$

**3** 두 분수를 통분하여 계산하는 방법으로 계산해 보세요.

(1) $\dfrac{5}{8} \div \dfrac{3}{4}$

(2) $\dfrac{4}{5} \div \dfrac{7}{8}$

**4** 빈 곳에 알맞은 수를 써넣으세요.

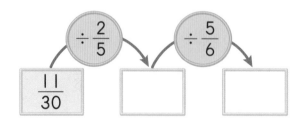

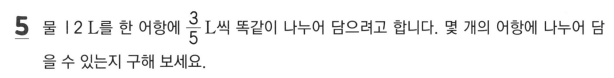

**5** 물 12 L를 한 어항에 $\frac{3}{5}$ L씩 똑같이 나누어 담으려고 합니다. 몇 개의 어항에 나누어 담을 수 있는지 구해 보세요.

(            )

**6** 계산 결과가 가장 큰 것을 찾아 ○표 해 보세요.

$$\frac{2}{3} \div \frac{2}{5}$$

$$\frac{4}{7} \div \frac{2}{5}$$

$$\frac{4}{3} \div \frac{2}{5}$$

(     )        (     )        (     )

**step 4 도전 문제**

**7** 계산 결과가 10보다 크고 15보다 작은 나눗셈식을 모두 찾아 기호를 써 보세요.

$$\text{㉠ } 10 \div \frac{3}{4} \qquad \text{㉡ } 12 \div \frac{6}{7} \qquad \text{㉢ } 12 \div \frac{3}{4}$$

(            )

**8** ㉠+㉡을 구해 보세요.

$$\text{㉠} \times \frac{1}{18} = \frac{5}{6} \qquad \frac{7}{22} \times \text{㉡} = \frac{7}{11}$$

(            )

# 어니스트 섀클턴의 리더십

▲ 어니스트 섀클턴

1914년, 영국의 탐험가 어니스트 섀클턴과 대원들은 남극 대륙 횡단에 나섰으나 기상 악화로 인해 탐험에 사용했던 배 인듀어런스호를 잃고 얼음덩어리 위를 떠돌며 생활하는 신세가 되었다. 남극해에 정박하려던 찰나 해빙* 때문에 10개월을 얼음 속에 갇혀 표류했고, 배가 완전히 부서져 버리자 필요한 생필품만을 챙겨서 근처의 유빙*으로 이동하기로 했던 것이다. 이때, 섀클턴과 대원들은 카메라와 필름을 가장 최우선으로 챙겼고, 그때 찍었던 사진들은 아직도 남아 있다. 섀클턴은 총 27명의 대원을 책임져야 했고, 이들은 평균 기온이 영하 55도인 남극에서 거의 2년간을 고립되어 지냈다.

시간이 지나 엘리펀트섬이라는 무인도에 도착하자 섀클턴은 대원들을 부대장에게 맡기고 5명의 대원과 함께 1300 km 떨어진 조지아섬으로 가서 구조대를 끌고 돌아왔다.

▲ 인듀어런스호

그가 돌아오기를 기다리던 대원들은 식량이 떨어지자 펭귄과 물개를 사냥하고 조개를 잡아서 하루하루를 버텼다. 텐트 바닥에 깔 것이 부족해져서 매일 얼음이 녹은 물속을 뒹굴며 잠을 청하기도 했다. 세상 사람들은 모두 그들이 살아올 가능성은 없다고 생각했다. 하지만 섀클턴이 훌륭한 리더십을 발휘한 결과, 인간이 살아남을 수 없는 극한*에서 634일 동안 버티고 단 한 명의 사망자도 없이 전원 살아 돌아왔다.

역사는 대부분 성공한 사람들만을 기억한다. 수많은 시도 끝에 전구를 발명한 에디슨이나 비행기를 만들어 낸 라이트 형제, 탐험에 성공한 콜럼버스 등을 기억하는 사람은 많다. 하지만 여기, 실패했지만 값진 실패를 한 탐험가가 있다. 섀클턴은 남극 정복이라는 큰 탐험을 두 번 시도했지만 모두 실패했다. 하지만 섀클턴은 오히려 어려운 상황 속에서 모든 대원을 데리고 생환*에 성공했다는 위업을 달성했다. 인류 역사상 최고의 탐험가 중 하나가 아닐 수 없다.

＊**해빙**: 바닷물이 얼어서 생긴 얼음
＊**유빙**: 물 위에 떠서 흘러가는 얼음덩이
＊**극한**: 몹시 심하여서 견디기 어려운 추위
＊**생환**: 살아서 돌아옴.

**1** 이 글에서 이야기하는 어니스트 섀클턴의 능력은? (          )

① 모험심          ② 끈기          ③ 탐구심
④ 리더십          ⑤ 인내심

**2** 어니스트 섀클턴에 대한 설명으로 바르지 <u>않은</u> 것은? (          )

① 27명의 대원과 함께 극한에서 2년을 견뎌 냈다.
② 무인도에서 1300 km 떨어진 섬으로 가서 구조대를 끌고 돌아왔다.
③ 남극해에 정박하려던 찰나 해빙 때문에 10개월을 표류했다.
④ 1914년, 대원들과 함께 남극 대륙을 횡단했다.
⑤ 극한에서 634일 동안 버티고, 모든 대원과 돌아왔다.

**3** 탐험대가 아직 배를 잃기 전, 만약 배에 물이 $17\frac{1}{3}$ L 남아 있었고, 하루에 $\frac{13}{15}$ L씩 마셨다면 며칠을 버틸 수 있었을까요?

(                    )

**4** 섀클턴이 조지아섬으로 간 뒤 식량이 떨어지자 대원들은 조개를 잡아먹으며 버텼습니다. 대원들이 조개를 $\frac{4}{5}$ t 잡았고, 하루에 $\frac{1}{10}$ t씩 먹었다면 며칠을 버틸 수 있었을까요?

(                    )

**5** 섀클턴이 5명의 대원과 함께 1300 km 떨어진 조지아섬으로 갈 때, 만약 빵을 5 kg 가지고 떠났고, 하루에 $\frac{1}{4}$ kg씩 먹었다면 며칠을 버틸 수 있었을까요?

(                    )

# (분수) ÷ (분수)를 (분수)×(분수)로 계산하기

## step 1 30초 개념

• (분수)÷(분수)는 나눗셈을 곱셈으로 바꾸고 나누는 분수의 분자와 분모를 바꾸어 곱셈으로 계산합니다.

분모와 분자를 바꿔요.

$$\frac{5}{3} \div \frac{5}{7} = \frac{5}{3} \times \frac{7}{5} = \frac{7}{3} = 2\frac{1}{3}$$

곱셈으로 바꿔요.

개념연결

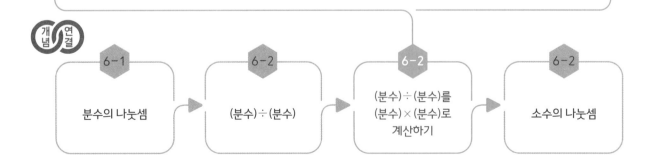

| 6-1 | 6-2 | 6-2 | 6-2 |
|---|---|---|---|
| 분수의 나눗셈 | (분수)÷(분수) | (분수)÷(분수)를 (분수)×(분수)로 계산하기 | 소수의 나눗셈 |

step 2  설명하기

질문 ❶  $\dfrac{3}{7} \div \dfrac{2}{3}$ 를 분모를 통분하여 계산해 보세요.

설명하기  분모를 통분하면 $\dfrac{3}{7} \div \dfrac{2}{3} = \dfrac{9}{21} \div \dfrac{14}{21}$ 입니다.

$\dfrac{9}{21} \div \dfrac{14}{21}$ 는 분모가 같으므로 분자끼리의 나눗셈, 즉 $9 \div 14$와 같습니다.

정리하면

$$\frac{3}{7} \div \frac{2}{3} = \frac{9}{21} \div \frac{14}{21} = 9 \div 14 = \frac{9}{14}$$

질문 ❷  $\dfrac{5}{3} \div \dfrac{4}{7} = \dfrac{5}{3} \times \dfrac{7}{4}$ 과 같이 분수의 나눗셈을 곱셈으로 바꾸어 계산하는 과정을 설명해 보세요.

설명하기  $\dfrac{5}{3} \div \dfrac{4}{7}$ 의 분모를 통분하면 $\dfrac{5}{3} \div \dfrac{4}{7} = \dfrac{5 \times 7}{3 \times 7} \div \dfrac{4 \times 3}{7 \times 3}$ 입니다.

$\dfrac{5 \times 7}{3 \times 7} \div \dfrac{4 \times 3}{7 \times 3}$ 은 분모가 같으므로 분자끼리의 나눗셈, 즉 $(5 \times 7) \div (4 \times 3)$과 같습니다.

그런데 $(5 \times 7) \div (4 \times 3) = \dfrac{5 \times 7}{4 \times 3}$ 이므로

정리하면

$$\frac{5}{3} \div \frac{4}{7} = \frac{5 \times 7}{3 \times 7} \div \frac{4 \times 3}{7 \times 3} = (5 \times 7) \div (4 \times 3) = \frac{5 \times 7}{4 \times 3}$$

그런데 $\dfrac{5 \times 7}{4 \times 3} = \dfrac{5 \times 7}{3 \times 4} = \dfrac{5}{3} \times \dfrac{7}{4}$ 이므로 $\dfrac{5}{3} \div \dfrac{4}{7} = \dfrac{5}{3} \times \dfrac{7}{4}$ 과 같이 분수의 나눗셈을 곱셈으로 바꾸어 계산할 수 있습니다.

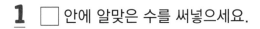

**1** ☐ 안에 알맞은 수를 써넣으세요.

$$4 \div \frac{2}{5} = 4 \times \frac{\boxed{\phantom{0}}}{2} = \frac{\boxed{\phantom{0}}}{2} = \boxed{\phantom{0}}$$

**2** $\frac{5}{8} \div \frac{2}{5}$ 를 곱셈식으로 바르게 나타낸 것은? (          )

① $\frac{5}{8} \times \frac{2}{5}$          ② $\frac{8}{5} \times \frac{2}{5}$          ③ $\frac{8}{5} \times \frac{5}{5}$

④ $\frac{5}{8} \times \frac{5}{2}$          ⑤ $\frac{8}{5} \times \frac{5}{2}$

**3** $\frac{7}{2} \div \frac{3}{4}$ 을 2가지 방법으로 계산해 보세요.

(1) $\frac{7}{2} \div \frac{3}{4}$ 을 분모를 통분하여 계산하면

$$\frac{7}{2} \div \frac{3}{4} = \frac{\boxed{\phantom{0}}}{4} \div \frac{3}{4} = \boxed{\phantom{0}} \div \boxed{\phantom{0}} = \boxed{\phantom{0}} = \boxed{\phantom{0}}$$

(2) $\frac{7}{2} \div \frac{3}{4}$ 의 나눗셈을 곱셈으로 바꾸어 계산하면

$$\frac{7}{2} \div \frac{3}{4} = \frac{7}{2} \times \frac{\boxed{\phantom{0}}}{\boxed{\phantom{0}}} = \frac{\boxed{\phantom{0}}}{\boxed{\phantom{0}}} = \boxed{\phantom{0}} = \boxed{\phantom{0}}$$

**4** 분수의 나눗셈식을 곱셈식으로 나타내어 계산해 보세요.

(1) $\frac{9}{8} \div \frac{3}{4}$          (2) $2\frac{2}{5} \div \frac{2}{3}$

**5** 계산 결과가 같은 것끼리 선으로 이어 보세요.

$5 \div \dfrac{2}{5}$ ·

· $13\dfrac{1}{2}$

$3 \div \dfrac{4}{7}$ ·

· $12\dfrac{1}{2}$

$3 \div \dfrac{2}{9}$ ·

· $5\dfrac{1}{4}$

**6** 어떤 정다각형의 한 변의 길이는 $\dfrac{3}{20}$ m이고, 둘레는 $\dfrac{6}{5}$ m입니다. 이 정다각형의 변의 수는 몇 개인가요?

(                    )

step **4** 도전 문제

**7** 어느 카페의 사과주스와 수박주스 가격이 다음과 같습니다. 각각의 주스를 1 L씩 산다면 어떤 주스가 얼마나 더 비싼지 구해 보세요.

사과주스: $\dfrac{2}{5}$ L에 4000원

수박주스: $\dfrac{3}{5}$ L에 4500원

(                )주스가 (                )원 더 비쌉니다.

**8** 가로가 10 m이고 세로가 $3\dfrac{1}{4}$ m인 직사각형 모양의 벽을 칠하는 데 $7\dfrac{1}{2}$ L의 페인트를 사용했습니다. 1 L의 페인트로 몇 m$^2$의 벽을 칠했을까요?

(                    )

# 베이커리 맛집 탐방

유튜버: 안녕하세요. 여러분! 오늘은 제가 가장 좋아하는 디저트 가게에 왔습니다. 이 가게는 쿠키가 매우 유명한데요. 자, 같이 들어가 볼까요? 안녕하세요.

점원: 네, 안녕하세요.

유튜버: 와, 다양한 쿠키와 에클레어, 타르트, 스콘, 화려한 색상과 독특한 디자인의 케이크까지…… 굉장히 먹음직스러워 보입니다. 이곳의 대표 메뉴는 바로 화려한 쿠키들인데요. 단순히 아몬드 쿠키나 초코 쿠키가 아니라 무화과 쿠키나 요즘 핫한 약과 쿠키, 민트초코가 올려져 있는 것까지 그 종류가 매우 다양해요. 이런 독특한 쿠키들은 가격도 비쌀 것 같은데, 어떤가요?

점원: 종류에 따라 가격이 다르긴 하지만 큰 차이가 나지는 않습니다. 또 종류에 상관없이 원하는 만큼 담으시면 1 kg에 10000원으로 가격을 계산하고 있습니다.

유튜버: 그렇군요. 케이크도 아주 맛있어 보이는데, 제가 맛을 한번 보겠습니다. 아, 달지 않고 부드럽네요. 여기 이 케이크를 만드신 파티시에<sup>*</sup>가 나와 계세요. 안녕하세요. 이 케이크를 제가 먹어 보니 달지 않고 부드러워서 맛이 정말 좋은데, 혹시 비법이 무엇일까요?

파티시에: 네, 반죽과 우유, 버터의 비율이 굉장히 중요합니다.

유튜버: 아, 부드러움의 비결이 그것이었군요. 감사합니다. 자, 그럼 이제 본격적으로 먹으러 가 볼까요?

---

＊**파티시에**: 과자 제조인, 과자 판매인

**1** 이 글에서 유튜버가 탐방한 장소는 어디인지 빈칸에 알맞은 말을 써넣으세요.

□□□□□□□

**2** 이 글에서 언급하지 <u>않은</u> 디저트를 모두 찾아 기호를 써 보세요.

> ㉠ 쿠키     ㉡ 에클레어     ㉢ 마들렌     ㉣ 케이크
> ㉤ 스콘     ㉥ 타르트     ㉦ 소금빵

(             )

**3** 유튜버가 쿠키를 골라 상자에 담았더니 상자의 $\frac{2}{3}$가 찼고, 무게가 $\frac{4}{5}$ kg이었습니다. 한 상자를 모두 채우면 몇 kg이 될까요?

(             )

**4** 문제 **3**에서 유튜버가 쿠키를 담아 한 상자가 모두 찼다면 얼마를 내야 할까요?

(             )

**5** 이 가게에서는 케이크 한 개를 만들 때 우유를 $\frac{7}{20}$ L 사용합니다. 우유가 $14\frac{7}{10}$ L 있을 때, 모두 몇 개의 케이크를 만들 수 있을까요?

식 _____

답 _____

### step 1  30초 개념

• 1.2÷0.3의 계산은 1.2 안에 0.3이 4번 들어가므로 1.2÷0.3=4입니다.

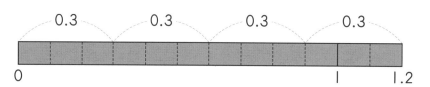

1.2−0.3−0.3−0.3−0.3=0이기 때문에 1.2÷0.3=4라고 할 수 있습니다.

개념연결

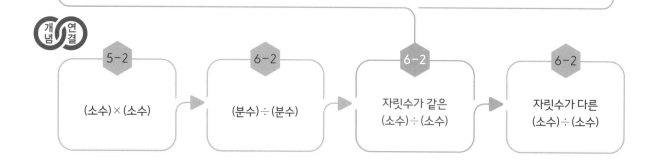

| 5-2 | 6-2 | 6-2 | 6-2 |
|---|---|---|---|
| (소수)×(소수) | (분수)÷(분수) | 자릿수가 같은 (소수)÷(소수) | 자릿수가 다른 (소수)÷(소수) |

## step 2 설명하기

질문 ❶  124÷4를 이용하여 12.4÷0.4와 1.24÷0.04를 계산하는 방법을 설명해 보세요.

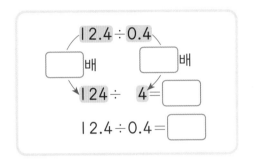

설명하기

12.4÷0.4에서 나누는 수와 나누어지는 수를 똑같이 10배 하면 124÷4 이고 1.24÷0.04에서 나누는 수와 나누어지는 수를 똑같이 100배 하면 124÷4입니다.

질문 ❷  1.84÷0.23을 분수의 나눗셈을 이용하여 계산해 보세요.

설명하기  $1.84=\dfrac{184}{100}$, $0.23=\dfrac{23}{100}$ 이므로

$1.84 \div 0.23 = \dfrac{184}{100} \div \dfrac{23}{100} = 184 \div 23 = 8$

**1** 1.6을 0.2씩 나누어 보고 1.6은 0.2의 몇 배인지 구해 보세요.

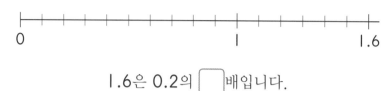

1.6은 0.2의 ☐배입니다.

**2** ☐ 안에 알맞은 수를 써넣으세요.

2.4÷0.4에서 2.4는 0.1이 24개이고, 0.4는 0.1이 ☐개입니다.

➡ 2.4÷0.4=24÷☐=☐

**3** 소수의 나눗셈을 자연수의 나눗셈을 이용하여 계산해 보세요.

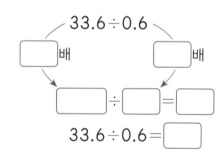

33.6÷0.6

☐배            ☐배

☐÷☐=☐

33.6÷0.6=☐

**4** cm를 mm로 바꾸어 계산하려고 합니다. ☐ 안에 알맞은 수를 써넣으세요.

철사 21.7 cm를 0.7 cm씩 자르려고 합니다.

21.7 cm=☐ mm, 0.7 cm=☐ mm

☐÷7=☐

철사 21.7 cm를 0.7 cm씩 자르면 ☐조각이 됩니다.

**5** ☐ 안에 알맞은 수를 써넣으세요.

(1) $63 \div 7 = $ ☐

    $63 \div 0.7 = $ ☐

    $63 \div 0.07 = $ ☐

(2) $225 \div 5 = $ ☐

    $22.5 \div 0.5 = $ ☐

    $2.25 \div 0.05 = $ ☐

**6** 소수의 나눗셈을 분수의 나눗셈을 이용하여 계산해 보세요.

(1) $5.6 \div 0.4$

(2) $6.5 \div 0.5$

**step 4 도전 문제**

**7** 몫이 가장 큰 것은? (      )

① $32 \div 0.4$     ② $32 \div 0.5$

③ $32 \div 1.6$     ④ $32 \div 3.2$

⑤ $32 \div 6.4$

**8** 조건 을 만족하는 나눗셈식을 쓰고 계산해 보세요.

조건
- $504 \div 6$를 이용하여 풀 수 있습니다.
- 나누는 수와 나누어지는 수를 각각 100배 한 식이 $504 \div 6$입니다.

식 _____

답 _____

# 해저 터널*

우리나라 바다 아래에 터널이 있다는 사실을 알고 있나요? 우리나라 최초의 해저 터널은 무려 일제 강점기였던 1932년에 만들어진 통영 해저 터널이에요. 이 터널은 동양 최초의 해저 터널이기도 해요. 길이 461 m, 높이 3.5 m, 깊이 10 m로 만들어졌어요.

▲ 통영 해저 터널 입구(출처: 공공누리)

우리나라에서 가장 긴 해저 터널은 2021년에 완공된 보령 해저 터널이에요. 그 전까지 최장 터널 기록을 가지고 있던 약 5.5 km의 인천 북항 해저 터널보다 1.5 km가량 긴 터널로 길이가 6.9 km예요. 해수면으로부터 80 m 아래에 위치해 있어 우리나라에서 가장 깊은 해저 터널이기도 해요.

보령 해저 터널은 국내 지상 터널과 비교해도 그 길이가 서울—양양 고속 도로의 인제 양양 터널(10.96 km), 동해 고속 도로의 문무대왕 1터널(7.54 km)에 이어 세 번째예요. 세계 해저 터널 중에서는 일본의 도쿄 아쿠아라인(9.5 km), 노르웨이의 뷔라피오르(7.9 km), 에이크순(7.8 km), 오슬로피오르(7.2 km)에 이어 다섯 번째예요.

▲ 보령 해저 터널 개통 포스터
(출처: 보령시청)

보령 해저 터널은 보령시 대천항과 원산도를 이어 주는데, 이로써 보령에서 안면도까지 이동 거리가 95 km에서 14 km로 짧아졌고, 시간은 90분에서 10분으로 단축되었어요. 터널이 완공되면서 이전에는 지하수를 사용하던 원산도 주민에게 상수도가 보급되기 시작해서 주민들 생활에도 많은 도움을 주고 있답니다.

*해저: 바다의 밑바닥

**1** 우리나라에서 가장 긴 해저 터널의 이름은 무엇인가요?

(                   )

**2** 우리나라에서 가장 긴 해저 터널에 대한 설명으로 옳지 <u>않은</u> 것은? (       )

① 해수면으로부터 **80 m** 아래에 위치해 있다.
② 보령시 대천항과 원산도를 잇는 것으로 보령에서 안면도까지 이동 시간을 **9**분의 **1**로 단축시켜 주었다.
③ **2021**년에 완공되었다.
④ 세계에서 다섯 번째로 긴 해저 터널이다.
⑤ 터널 길이가 **7.9 km**이다.

**3** 보령 해저 터널의 길이는 세계에서 가장 긴 도로 해저 터널의 길이와 몇 km가 차이 나는 지 구해 보세요.

(                   )

**4** 세계에서 가장 긴 도로 해저 터널을 분당 **1.9 km**로 달린다면 터널을 통과하는 데 몇 분 이 걸리는지 구해 보세요.

식 _____

답 _____

**5** 노르웨이의 에이크순과 오슬로피오르를 분당 **0.6 km**로 느리게 달린다면 각각 몇 분 만 에 터널을 통과할 수 있는지 구해 보세요.

에이크순 (              )
오슬로피오르 (              )

• 자릿수가 다른 (소수) ÷ (소수)

**step 1** **30초 개념**

• 0.2÷0.04의 계산은 0.2 안에 0.04가 5번 들어가므로 0.2÷0.04＝5입니다.

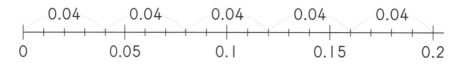

0.2－0.04－0.04－0.04－0.04－0.04＝0이기 때문에 0.2÷0.04＝5라고 할 수 있습니다.

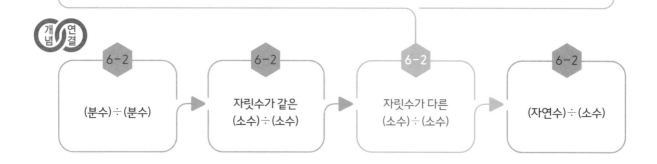

## step 2 설명하기

**질문 ❶** 6.25÷2.5를 나누어지는 수를 자연수로 바꾸어 계산해 보세요.

**설명하기** 나누어지는 수를 자연수로 바꾸기 위하여 나누어지는 수와 나누는 수를 모두
100배 하면

$$6.25 ÷ 2.5 = 625 ÷ 250$$ 입니다.

나눗셈을 하면

$$2.5 ) \overline{6.2\ 5} \quad ➡ \quad 2.5\underset{\curvearrowright}{0} ) \overline{6.2\ 5} \quad ➡ \quad 250 ) \overline{6\ 2\ 5.0}$$

```
            2.5
    250 ) 6 2 5.0
          5 0 0
          1 2 5 0
          1 2 5 0
                0
```

따라서 6.25÷2.5=2.5입니다.

**질문 ❷** 6.25÷2.5를 나누는 수를 자연수로 바꾸어 계산해 보세요.

**설명하기** 나누는 수를 자연수로 바꾸기 위하여 나누어지는 수와 나누는 수를 모두 10배
하면

$$6.25 ÷ 2.5 = 62.5 ÷ 25$$ 입니다.

나눗셈을 하면

$$2.5 ) \overline{6.2\ 5} \quad ➡ \quad 2.5 ) \overline{6.2\ 5} \quad ➡ \quad 25 ) \overline{6\ 2.5}$$

```
           2.5
    25 ) 6 2.5
         5 0
         1 2 5
         1 2 5
             0
```

따라서 6.25÷2.5=2.5입니다.

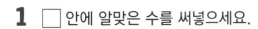

**1** ☐ 안에 알맞은 수를 써넣으세요.

(1) $16.12 \div 6.2 = \boxed{\phantom{0}} \div 62 = \boxed{\phantom{0}}$

(2) $4.68 \div 2.6 = 46.8 \div \boxed{\phantom{0}} - \boxed{\phantom{0}}$

**2** 계산해 보세요.

(1)

$8.4 \overline{)15.12}$

(2)

$6.2 \overline{)22.94}$

**3** 계산 결과를 비교하여 ◯ 안에 >, =, <를 알맞게 써넣으세요.

(1) $3.84 \div 0.4$ ◯ $1.18 \div 0.2$    (2) $15.2 \div 0.8$ ◯ $9.12 \div 0.4$

**4** 소수의 나눗셈을 계산하여 ㉠과 ㉡의 몫의 합을 구해 보세요.

> ㉠ $9.54 \div 1.8$    ㉡ $6.08 \div 1.6$

(          )

**5** 가을이와 아버지는 자전거를 탔습니다. 가을이는 4.2 km, 아버지는 22.68 km를 탔다면 아버지가 자전거를 탄 거리는 가을이가 자전거를 탄 거리의 몇 배인가요?

(                      )

**6** 휘발유 0.7 L로 1 km를 갈 수 있는 자동차가 있습니다. 이 자동차에 연료 8.96 L를 넣으면 몇 km를 갈 수 있는지 구해 보세요.

(                      )

**step 4 도전 문제**

**7** 길이가 20 cm인 양초가 있습니다. 이 양초에 불을 붙이면 1분에 0.15 cm씩 일정한 길이로 탑니다. 불을 붙이고 양초의 길이가 6.2 cm가 되는 시간은 몇 분 후일까요?

(             )

**8** 삼각형 ㄱㄴㄷ의 넓이는 삼각형 ㄹㅁㄷ의 넓이의 1.4배입니다. 삼각형 ㄱㄴㄷ의 넓이가 13.44 cm²라면 선분 ㅁㄷ의 길이는 몇 cm인가요?

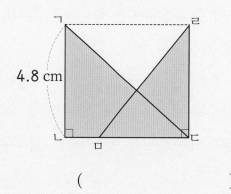

(             )

# 고도 비만을 조심하라!

비만은 그 정도가 심할수록 질병의 위험도가 높아지고, 그에 맞는 치료법이 달라지므로 비만의 정도를 정확히 아는 것이 중요하다. 우리는 비만을 BMI로 판단한다. BMI는 Body Mass Index(체질량 지수)의 줄임말로, 체중과 신장을 이용하면 BMI를 계산할 수 있다.

BMI를 구하는 식과 그 범주는 다음과 같다.

$$BMI = \frac{체중\,(kg)}{신장\,(m) \times 신장\,(m)}$$

| 범주 | 범위 |
|---|---|
| 저체중 | 18.5 미만 |
| 정상 | 18.5~22.9 |
| 과체중 | 23~24.9 |
| 경도 비만 | 25~29.9 |
| 중도 비만 | 30~34.9 |
| 고도 비만 | 35 이상 |

비만 중에서도 고도 비만은 각종 만성 질환*의 요인으로서 다음과 같은 질환을 일으킬 수 있다.

정상 체중일 때보다 당뇨병 발생 위험이 최대 4.8배 높고, 단순 비만인 사람보다 우울감과 스트레스 지수도 높으며 비만의 정도가 심할수록 질병의 위험도가 높다는 연구 결과가 있다.

이처럼 고도 비만은 우리의 정신적, 육체적 건강에 매우 위험할 수 있기 때문에 고도 비만이 되지 않도록 체중 관리에 신경 써야 할 것이다.

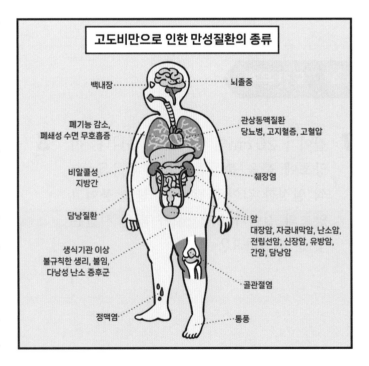

고도비만으로 인한 만성질환의 종류

백내장 / 뇌졸중 / 폐기능 감소, 폐쇄성 수면 무호흡증 / 관상동맥질환 당뇨병, 고지혈증, 고혈압 / 비알콜성 지방간 / 췌장염 / 담낭질환 / 암 대장암, 자궁내막암, 난소암, 전립선암, 신장암, 유방암, 간암, 담낭암 / 생식기관 이상 불규칙한 생리, 불임, 다낭성 난소 증후군 / 골관절염 / 정맥염 / 통풍

* **만성 질환**: 증상이 그다지 심하지는 않으면서 오래 끌고 잘 낫지 않는 병을 통틀어 이르는 말

**1** 이 글의 목적은? (          )

① 고도 비만이 무엇인지 설명하기 위해서
② BMI가 무엇인지 설명하기 위해서
③ 고도 비만의 위험성을 경고하기 위해서
④ 비만이 심각한 사회 문제임을 알려 주기 위해서
⑤ 여러 가지 질병에 대해 설명하기 위해서


**2** 이 글에 나와 있지 <u>않은</u> 내용은? (          )

① 고도 비만이면 정상 체중일 때보다 당뇨병 발생 위험이 높다.
② 고도 비만이면 우울감과 스트레스 지수가 정상 체중일 때보다 높다.
③ BMI는 체중과 신장을 이용하여 계산할 수 있다.
④ 고도 비만은 백내장 등 눈과 관련된 질병과는 상관이 없다.
⑤ 비만은 그 정도가 심할수록 질병의 위험도가 높다.


**3** 키 150 cm, 몸무게 58.5 kg인 사람의 BMI를 구하려고 합니다. 물음에 답하세요.

(1) 150 cm는 몇 m인가요?

(                    )

(2) □ 안에 알맞은 수를 써넣으세요.

$$BMI = \frac{\boxed{\phantom{xxx}}(kg)}{\boxed{\phantom{xx}}(m) \times \boxed{\phantom{xx}}(m)}$$

(3) BMI를 구해 보세요.

(                    )

(4) 이 사람은 BMI에 따른 범주 중 어디에 해당할까요?

(                    )


**4** 키 160 cm, 몸무게 51.2 kg인 사람의 BMI를 구하고, 어느 범주에 해당하는지 써 보세요.

(          ,          )

## step 1  30초 개념

• 1÷0.2의 계산은 1 안에 0.2가 5번 들어가므로 1÷0.2=5입니다.

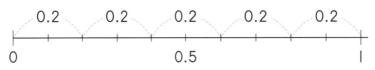

1−0.2−0.2−0.2−0.2−0.2=0이기 때문에 1÷0.2=5라고 할 수 있습니다.

개념 연결

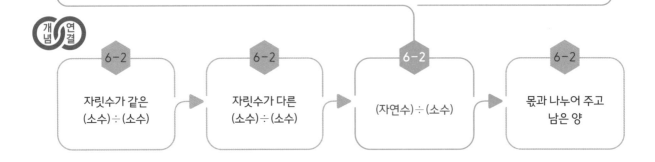

| 6-2 | 6-2 | 6-2 | 6-2 |
|---|---|---|---|
| 자릿수가 같은 (소수)÷(소수) | 자릿수가 다른 (소수)÷(소수) | (자연수)÷(소수) | 몫과 나누어 주고 남은 양 |

## step 2  설명하기

질문 ❶  5÷1.25를 분수의 나눗셈으로 바꾸어 계산해 보세요.

설명하기  $1.25=\dfrac{125}{100}$ 이므로 $5=\dfrac{500}{100}$ 으로 바꾸면

$$5÷1.25=\dfrac{500}{100}÷\dfrac{125}{100}=500÷125=4$$

질문 ❷  5÷1.25를 세로셈으로 계산해 보세요.

설명하기  세로로 계산하려면 나누는 수를 자연수로 바꿀 수 있을 만큼 소수점을 옮기고, 나누어지는 수도 그만큼 똑같이 소수점의 위치를 바꾼 후 나눗셈을 합니다.

$$1.25\overline{)5} \Rightarrow 1.25\overline{)5.00} \Rightarrow 125\overline{)500}$$

따라서 5÷1.25=4입니다.

소수에서 소수점은 자연수 부분과 소수 부분을 구분하기 위하여 찍습니다.
자연수는 소수 부분이 없기 때문에 생략하는 것입니다.
예 2=2.0=2.00, 5=5.0=5.00, 10=10.0=10.00

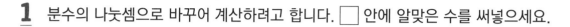

**1** 분수의 나눗셈으로 바꾸어 계산하려고 합니다. ☐ 안에 알맞은 수를 써넣으세요.

(1) $35 \div 1.4 = \dfrac{350}{10} \div \dfrac{14}{10} = \boxed{\phantom{000}} \div \boxed{\phantom{000}} = \boxed{\phantom{000}}$

(2) $11 \div 0.05 = \dfrac{1100}{100} \div \dfrac{5}{100} = \boxed{\phantom{000}} \div \boxed{\phantom{000}} = \boxed{\phantom{000}}$

**2** 자연수를 소수로 나눈 몫을 빈칸에 알맞게 써넣으세요.

(1)

| 93 | 7.75 |
|----|------|
|    |      |

(2)

| 42 | 0.6 |
|----|-----|
|    |     |

**3** 계산 결과를 비교하여 ◯ 안에 >, =, <를 알맞게 써넣으세요.

(1) $256 \div 0.4$ ◯ $416 \div 0.8$       (2) $73 \div 36.5$ ◯ $30 \div 7.5$

**4** 관계있는 것끼리 선으로 이어 보세요.

| $1175 \div 25$ | • | | • | 4700 |
|---|---|---|---|---|
| $1175 \div 0.25$ | • | | • | 470 |
| $1175 \div 2.5$ | • | | • | 47 |

**5** 계산이 <u>잘못된</u> 곳을 찾아 바르게 계산해 보세요.

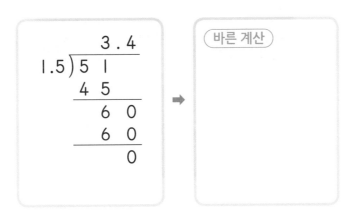

**6** 세로의 길이가 4.5 cm인 직사각형의 넓이는 63 cm²입니다. ☐ 안에 알맞은 수를 구해 보세요.

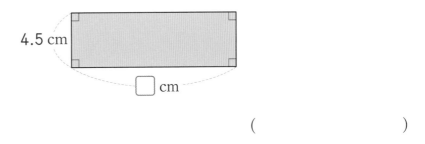

(              )

**step 4** 도전 문제

**7** 둘레가 585 m인 공원이 있습니다. 공원 둘레에 11.25 m 간격으로 나무를 심을 경우 필요한 나무는 모두 몇 그루인가요?

(            )

**8** 어떤 수를 4.5로 나누어야 할 것을 곱하였더니 162가 되었습니다. 바르게 계산한 값을 구해 보세요.

(            )

# 학습, 조도로 잡을 수 있다!

형광등이나 손전등에서 나온 빛이 마룻바닥이나 벽면을 비출 때, 비추어진 면의 밝기를 조도라고 한다. 조도는 광원*에 가까울수록 높고 멀어질수록 낮다. 그래서 같은 광원이라도 높이에 따라 그 공간의 조도가 달라질 수 있다. 정리하면, 조도는 빛이 비추는 면의 밝기를 나타내며, 럭스(lux)라는 단위를 사용하여 나타낸다.

그렇다면 1럭스는 어느 정도일까? 보름달이 뜬 밤, 길의 밝기가 보통 0.25럭스라고 하니 1럭스라도 그렇게 밝지는 않을 것이다. 일반적으로 집에 불을 모두 끄고 촛불을 켰을 때의 조도가 1럭스 전후라고 한다. 참고로 해돋이와 해넘이 시간의 조도는 400럭스이고, 거리의 조명은 일반적으로 5~30럭스 사이이다.

조도는 장소 및 작업의 종류에 따라 각기 다르게 쓰인다. 일반적으로 정밀한 작업을 할수록 더 높은 조도가 필요하다. 하지만 무조건 조도가 높다고 해서 좋은 것은 아니다. 조도가 적절해야 눈의 피로가 적고, 일의 능률이 오르므로 장소별 조도는 매우 중요하다.

공부할 때 집중력을 높이기 위해서도 조도는 중요한 역할을 할 수 있다. 일반적으로 공부하기 좋은 조도는 500럭스이고, 책상 위는 600~800럭스가 적합하다고 한다. 단시간 높은 집중력을 위해서라면 조금 더 밝은 것도 좋다. 그리고 요즘은 컴퓨터나 태블릿으로 학습하는 경우가 많은데, 동영상 강의를 시청하기 위

해서는 약간 어두운 350럭스 정도가 도움이 된다고 한다. 나에게 맞는 조도는 어느 정도인지 각자 한번 찾아보자.

＊**광원**: 제 스스로 빛을 내는 물체. 태양, 별 따위가 있다.

**1** 조도란 무엇이고, 단위로 무엇을 쓰는지 설명해 보세요.

_____

_____

**2** 상황에 따른 적절한 조도를 찾아 연결해 보세요.

| 공부할 때 | • | | • | 1럭스 |

| 동영상 강의를 시청할 때 | • | | • | 400럭스 |

| 집에 불을 모두 끄고 촛불을 켰을 때 | • | | • | 350럭스 |

| 해돋이와 해넘이 시간 | • | | • | 500럭스 |

**3** 글을 읽고 다음 물음에 답하세요.

(1) 보름달이 뜬 밤, 길의 조도는 얼마인가요?

(   )

(2) 1럭스는 보름달이 뜬 밤, 길의 조도의 몇 배인가요?

(   )

(3) 공부하기 좋은 조도는 보름달이 뜬 날, 길의 조도의 몇 배인지 식을 세워 구해 보세요.

식 ) _____

답 ) _____

**4** 겨울이가 주변의 조도를 측정한 결과, 방의 조명을 모두 껐을 때 0.5럭스였고, 방의 조명을 모두 켰을 때 250럭스였습니다. 방의 조명을 모두 켰을 때의 조도는 조명을 모두 껐을 때의 조도의 몇 배일까요?

(   )

몫을 반올림하기와 나누어 주고 남은 양

## step 1 30초 개념

- 나눗셈의 몫이 나누어떨어지지 않을 경우 몫을 반올림하여 나타낼 수 있습니다.

$2 \div 0.3 = 6.666 \cdots$ 일 때

(1) 몫을 반올림하여 자연수로 나타내면 7입니다.

$6.\overset{\frown}{6} \cdots \Rightarrow 7$

(2) 몫을 반올림하여 소수 첫째 자리까지 나타내면 6.7입니다.

$6.6\overset{\frown}{6} \cdots \Rightarrow 6.7$

(3) 몫을 반올림하여 소수 둘째 자리까지 나타내면 6.67입니다.

$6.66\overset{\frown}{6} \cdots \Rightarrow 6.67$

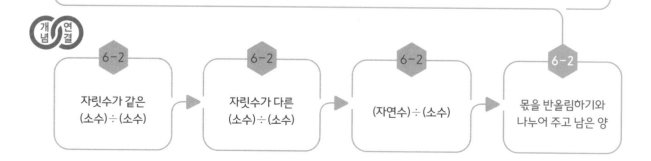

**step 2 설명하기**

질문 ❶  3.8÷0.7의 몫을 반올림하여 나타내어 보세요.

(1) 몫을 반올림하여 자연수로 나타내어 보세요.
(2) 몫을 반올림하여 소수 첫째 자리까지 나타내어 보세요.
(3) 몫을 반올림하여 소수 둘째 자리까지 나타내어 보세요.

설명하기  3.8÷0.7=5.428······입니다.

(1) 몫의 소수 첫째 자리 숫자가 4이므로 반올림하여 자연수로 나타내면 5입니다.
(2) 몫의 소수 둘째 자리 숫자가 2이므로 반올림하여 소수 첫째 자리까지 나타내면 5.4입니다.
(3) 몫의 소수 셋째 자리 숫자가 8이므로 반올림하여 소수 둘째 자리까지 나타내면 5.43입니다.

질문 ❷  물 12.6 L를 한 사람에게 3 L씩 나누어 주려고 합니다. 나누어 줄 수 있는 사람의 수와 남은 물의 양은 얼마인지 구해 보세요.

설명하기  12.6을 3으로 나눌 때 나누어 줄 수 있는 사람의 수는 자연수이므로 몫을 자연수까지만 나누고 남은 양을 구합니다.
따라서 물 12.6 L를 4명에게 3 L씩 나누어 줄 수 있고, 남은 물의 양은 0.6 L입니다.

```
        4
   3) 1 2 . 6
      1 2
      ─────
        0 . 6
```

오른쪽과 같이 몫이 나누어떨어질 때까지 소수점 이하로 계산하여 4명에게 3 L씩 나누어 줄 수 있고, 남은 물의 양을 0.2 L라고 답할 수 있는데 이는 잘못된 답입니다.
12.6−3−3−3−3=0.6이므로 남은 물의 양은 0.2 L가 아니고 0.6 L입니다.

```
        4 . 2
   3) 1 2 . 6
      1 2
      ─────
          6
          6
      ─────
          0
```

**1** 몫을 반올림하여 소수 첫째 자리까지 나타내어 보세요.

$$14.2 \div 6$$

**2** 몫을 반올림하여 소수 둘째 자리까지 나타내어 보세요.

$$6.1 \overline{)292.6}$$

**3** $7.6 \div 6$의 몫을 구하려고 합니다. 빈칸에 알맞은 수를 써넣으세요.

| 소수 셋째 자리까지 구한 몫 | 반올림하여<br>소수 둘째 자리까지 나타낸 몫 |
|---|---|
|  |  |

**4** 계산 결과를 비교하여 ○ 안에 >, =, <를 알맞게 써넣으세요.

| $5.3 \div 7$의 몫을 반올림하여<br>소수 둘째 자리까지 나타낸 수 | ○ | $5.3 \div 7$ |

**5** 2.3÷6의 몫을 반올림하여 소수 첫째 자리까지 나타낸 수와 버림하여 소수 둘째 자리까지 나타낸 수의 차를 구해 보세요.

(                  )

**6** 체리 20.2 kg을 한 상자에 3 kg씩 나누어 담으려고 합니다. ☐ 안에 알맞은 수를 써 넣으세요.

나누어 담을 수 있는 상자의 수: ☐ 상자

남는 체리의 무게: ☐ kg

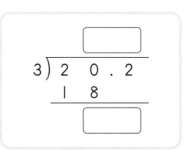

**7** 리본 42.2 m를 한 사람에 8 m씩 나누어 주려고 합니다. 나누어 줄 수 있는 사람의 수와 남는 리본의 길이를 2가지 방법으로 구해 보세요.

방법 1

방법 2

나누어 줄 수 있는 사람의 수 (          )

남는 리본의 길이 (          )

**8** 흙 87.1 kg을 화분 한 개에 4 kg씩 나누어 담으려고 합니다. 흙을 남김없이 담으려면 화분이 몇 개 필요한지 구해 보세요.

(                  )

# 아프리카 대륙의 진짜 크기는?

아프리카는 지구상에서 두 번째로 크고, 두 번째로 인구가 많은 대륙이다. 인접해 있는 섬들을 포함하면 면적이 약 3037만 $km^2$인데, 이는 지구 전체 표면적의 6 %와 전체 육지의 20.4 %를 차지하는 수치이다. 우리나라와 비교하면 약 300배에 달하는 크기이며 중국, 미국, 인도, 프랑스, 독일, 이탈리아, 스페인, 동유럽, 영국, 일본 등을 다 합친 것보다 더 넓은 면적이다. 아프리카 대륙의 동쪽에서 서쪽까지의 길이는 약 7,400 km이고, 남쪽에서 북쪽까지의 길이는 약 8,500 km이다. 또한, 2018년 기준으로 12억 이상의 인구가 살고 있으며, 이는 세계 인구의 약 16 %이다.

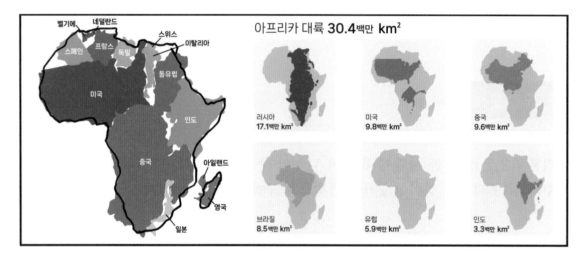

아프리카 대륙은 대부분의 사람이 생각하는 것보다 훨씬 크다. 왼쪽 그림은 아프리카 대륙 안에 이렇게 많은 나라가 들어갈 수 있다는 것을 보여 주고, 오른쪽 그림은 아프리카 대륙의 면적이 30.4백만 $km^2$라는 것과 러시아와 미국, 중국, 브라질, 유럽, 인도의 면적을 알려 준다.

그림을 보면 세계적으로 넓은 나라에 해당하는 러시아도 아프리카 면적의 절반 정도임을 알 수 있다. 중국이나 인도, 브라질과 같은 나라도 아프리카에 비하면 면적이 훨씬 작다.

그렇다면 우리가 아프리카를 실제보다 좁게 보고 있는 이유는 무엇일까? 바로 우리가 보고 있는 지도가 원형의 지구를 평면으로 옮겨 놓은 것이기 때문이다. 지도에는 실제 크기가 왜곡되어 있고, 아프리카 대륙이 실제보다 작게 그려져 있어서 우리가 아프리카의 크기를 오해하게 된 것이다.

＊**왜곡**: 사실과 다르게 해석하거나 그릇되게 함.

**1** 아프리카 대륙에 대한 설명으로 옳은 것을 찾아 기호를 써 보세요.

> ㉠ 지구상에서 두 번째로 인구가 많은 대륙이다.
> ㉡ 우리나라의 약 350배에 달하는 크기이다.
> ㉢ 아프리카 대륙의 크기는 30.4 km²이다.
> ㉣ 2018년 기준으로 12억 이상의 인구가 살고 있다.

(               )

**2** 대부분의 사람이 아프리카 대륙을 실제보다 좁게 보고 있는 이유를 찾아 써 보세요.

> 이유

**3** 아프리카 대륙의 면적은 다른 나라의 면적의 몇 배인지 구하려고 합니다. 다음 물음에 답하세요.

(1) 아프리카 대륙의 면적은 몇 백만 km²인가요?

(           )백만 km²

(2) 인도의 면적은 몇 백만 km²인가요?

(           )백만 km²

(3) 아프리카 대륙의 면적은 인도의 면적의 몇 배인지 구하는 식을 세워 보세요.

식 _____

(4) 아프리카 대륙의 면적은 인도의 면적의 약 몇 배인가요? (단, 자연수까지 나타냅니다.)

약 (         )배

(5) 아프리카 대륙의 면적은 미국의 면적의 약 몇 배인지 식을 세워 구해 보세요. (단, 자연수까지 나타냅니다.)

식 _____

답 _____

# 08

공간과 입체

• 여러 방향에서 바라보기

## step 1  30초 개념

• 어떤 물체든 보는 위치와 방향에 따라 보이는 대상이 달라집니다.

위에서 본 모습              옆에서 본 모습

개념연결

| 2-1 | 4-1 | 6-2 | 6-2 |
|-----|-----|-----|-----|
| 쌓기나무 | 평면도형의 이동 | 여러 방향에서 바라보기 | 쌓은 모양과 쌓은 개수 |

## step ❷ 설명하기

질문 ❶ 공원에 있는 조각의 사진을 여러 방향에서 찍었습니다. 누가 찍은 사진인지 이름과 기호를 써 보세요.

설명하기 ＞ ㉠―봄, ㉡―겨울, ㉢―여름, ㉣―드론

질문 ❷ ㉠과 ㉡은 각각 어느 방향에서 찍은 사진인지 기호와 방향을 써 보세요.

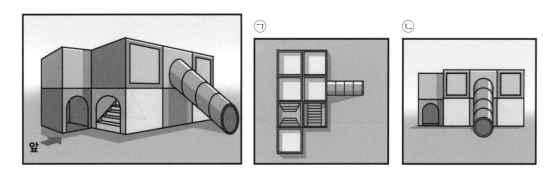

설명하기 ＞ ㉠―위, ㉡―오른쪽

**1** 공연을 위해 설치된 무대를 보고, 무대의 어느 방향에서 본 것인지 써 보세요.

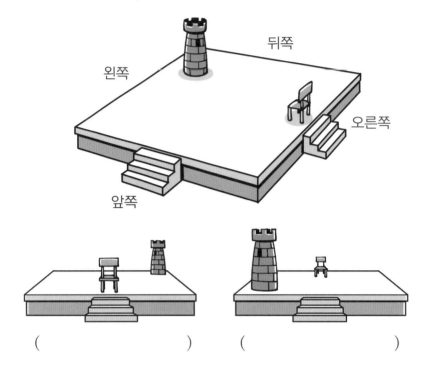

(          )    (          )

**2** 학생들이 텐트 사진을 ①~④의 위치에서 각각 찍었습니다. 어떤 사진을 찍게 되는지 각각의 위치 번호에 맞는 사진을 골라 기호를 써 보세요.

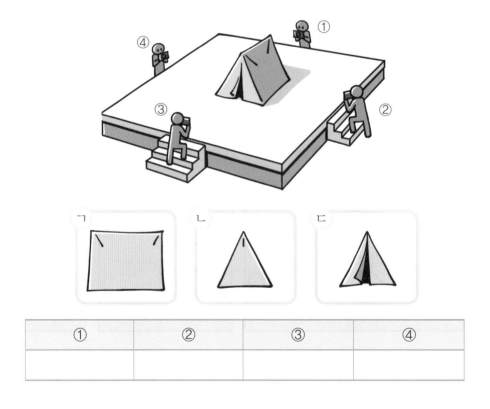

| ① | ② | ③ | ④ |
|---|---|---|---|
|   |   |   |   |

**3** 화살표로 표시된 부분이 건축물의 앞일 때, 앞에서 본 모습을 그려 보세요.

**4** 다음의 물건을 위에서 보았을 때, 어떤 모습일지 예상하여 그림으로 나타내어 보세요.

# 2030 월드엑스포 유치* 본격적으로 시작된다
## 남은 숙제는 무엇인가?

김영웅 기자 hero@son.co.kr

2030 월드엑스포 부산 유치가 본격화될 전망이다. 엑스포가 열릴 장소로 예정된 부산항 북항을 재개발하기 위한 협약이 체결되었기 때문이다. 부산항 북항 재개발 사업의 주체인 부산시 컨소시엄은 총 228만 m²나 되는 넓은 땅 위에 '글로벌 신해양 중심지'를 조성한다고 발표했다. 이 사업은 철도와 항구, 도시까지 모두가 결합된 형태로 진행되는 엄청난 규모의 재개발이 될 것이다.

▲ 부산항 북항 재개발(2단계) 조감도*
(출처: 부산광역시청)

먼저 도시 개발에 있어서는 업무, 상업, 주거 시설과 공공시설이 들어서게 된다. 이 중에서 공원과 녹지 시설이 20 %를 차지한다. 또한 도시를 연결해 주는 고가 도로가 3개 설치되고, 지하 차도 4개가 신설된다. 가장 눈길을 끄는 것은 해상 도시이다. 북항의 앞바다에 세계 최초로 해상 도시가 만들어질 예정이다. 부산시는 미국의 해상 도시 개발 기업인 '오셔닉스'와 손잡고 2030년까지 에너지, 물, 식량을 자급자족할 수 있는 '오셔닉스 부산'을 조성해 1만 2000명을 수용한다는 계획이다.

여전히 여러 가지 우려가 남아 있지만 앞으로의 계획과 실행에 많은 관심이 집중되고 있다.

＊**유치**: 행사나 사업 따위를 이끌어 들임.
＊**조감도**: 높은 곳에서 내려다본 상태의 그림이나 지도

**1** 이 글의 종류는 무엇인가요?

(                    )

**2** 다음 중 글의 내용으로 맞는 것에 ○표, 틀린 것에 ×표 해 보세요.

(1) 부산항 북항의 도시 개발에 있어서는 업무, 상업, 주거 시설 및 공공시설이 들어서 게 된다. (          )

(2) 부산항 북항의 도시 개발에서 공원과 녹지 시설이 **25 %**를 차지한다.

(          )

(3) 부산시는 해상 도시를 만들기 위해 미국의 기업 '오셔닉스'와 손잡을 계획이다.

(          )

**3** 다음은 부산항 북항의 현재 모습을 찍은 사진입니다. 글 속의 조감도와 달라 보이는 이유는 무엇인지 써 보세요.

이유 _____

_____

(출처: 부산광역시청)

**4** 놀이터를 바라본 모습입니다. 어느 방향에서 본 것 인지 써 보세요.

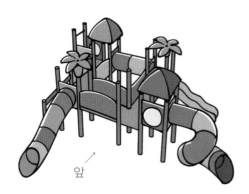

앞

(1)

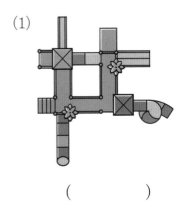

(          )

(2)

(          )

(3)

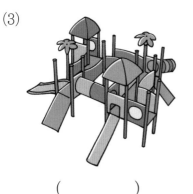

(          )

step **1** 30초 개념

- 쌓은 모양을 보고 쌓기나무의 개수를 알 수 있습니다.

위 그림과 똑같은 모양으로 쌓는 데 필요한 쌓기나무는 8개입니다

개념 연결

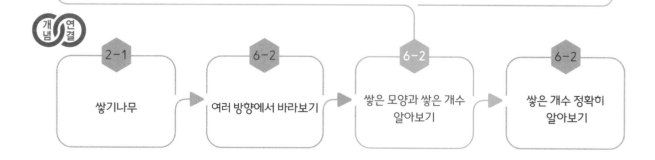

| 2-1 | 6-2 | 6-2 | 6-2 |
|---|---|---|---|
| 쌓기나무 | 여러 방향에서 바라보기 | 쌓은 모양과 쌓은 개수 알아보기 | 쌓은 개수 정확히 알아보기 |

## step 2 설명하기

질문 ❶ 쌓기나무로 쌓은 모양과 이를 위에서 본 모양으로 볼 때 쌓기나무가 몇 개 필요할지 설명해 보세요.

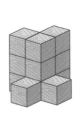 

위에서 본 모양

설명하기 ▷ 쌓기나무는 12개 또는 13개 필요합니다.
쌓기나무의 개수를 2가지로 생각한 이유는 보이지 않는 부분에 있는 쌓기나무의 개수가 1개인지 2개인지 알 수 없기 때문입니다.

질문 ❷ 쌓기나무로 쌓은 모양을 위, 앞, 옆에서 본 모양으로 볼 때 쌓기나무가 몇 개 필요할지 설명해 보세요.

위　　　　　　　앞　　　　　　　옆

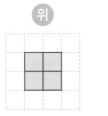 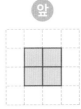 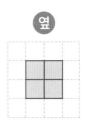

설명하기 ▷ 쌓기나무는 다음과 같이 6개 또는 7개 또는 8개 필요합니다.

**1** 쌓기나무로 쌓은 모양과 위에서 본 모양을 보고 똑같은 모양을 만들기 위해 필요한 쌓기나무의 개수를 구해 보세요.

위에서 본 모양

(            )

**2** 쌓기나무로 쌓은 모양을 위, 앞, 옆에서 본 모양입니다. (    ) 안에 위, 앞, 옆을 알맞게 써넣으세요.

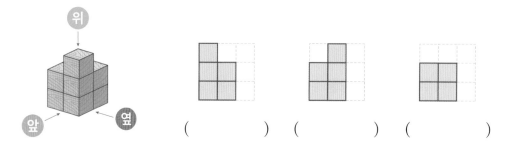

(     )    (     )    (     )

**3** 쌓기나무로 쌓은 모양과 이를 위에서 본 모양입니다. 앞, 옆에서 본 모양을 각각 그려 보세요.

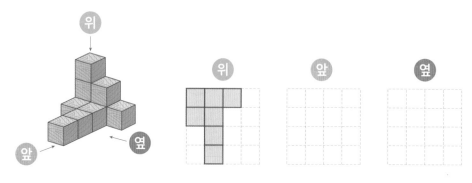

**4** 쌓기나무 7개로 쌓은 모양입니다. 위에서 본 모양을 그려 보세요.

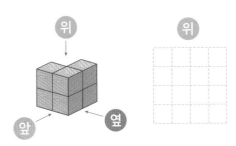

**5** 쌓기나무로 쌓은 모양을 위, 앞, 옆에서 본 모양입니다. 똑같은 모양으로 쌓는 데 필요한 쌓기나무의 개수를 구해 보세요.

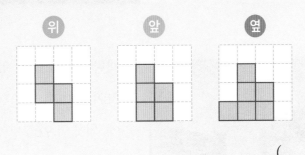

(                    )

**6** 쌓기나무로 쌓은 모양과 이를 위에서 본 모양입니다. 위에서 본 모양의 각 자리에 쌓은 쌓기나무의 수를 써넣고, 똑같은 모양을 만들기 위해 필요한 쌓기나무의 개수를 구해 보세요.

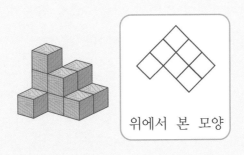

위에서 본 모양

(                    )

# 신기한 건축물들

대부분의 건물은 직사각형이거나 정사각형 모양을 띠고 있습니다. 그래서 사람들은 그 틀에서 조금 벗어난 독특한 건축물을 보면 매력을 느끼게 됩니다. 일반적이지 않은 독특한 모습으로 사람들의 이목을 끄는 건축물에 대해 알아보도록 하겠습니다.

오른쪽 건물은 네덜란드에 있는 큐브하우스로 1956년에 피트 블롬이라는 건축가가 설계했습니다. 벽과 창문이 54.7도로 상당히 기울어져 있는 점이 독특합니다. 연달아 이어진 큐브들은 작은 것 38개, 큰 것 2개로 이루어져 있습니다.

캐나다의 퀘벡에 있는 해비타트 67은 큐브 모양이 모여서 만들어진 건축물로 모셰 사프디에 의해 1967년에 지어진 아파트입니다. 레고 장난감으로 얼기설기[*] 이어 연결해 놓은 듯한 외관처럼 실제 건축할 때도 크레인으로 큐브를 하나하나씩 쌓아 올렸다고 합니다.

이러한 건축물들은 고정관념[*]에서 벗어나 만들어졌기 때문에 더욱 아름답게 느껴지고, 또 건축학적으로 가치 있는 것으로 여겨지고 있습니다.

*얼기설기: 이리저리 뒤섞여 얽힌 모양
*고정관념: 잘 변하지 아니하는, 행동을 주로 결정하는 확고한 의식이나 관념.

**1** 큐브 모양을 기반으로 만들어진 건축물은 무엇인지 모두 골라 기호를 써 보세요.

> ㉠ 피라미드   ㉡ 큐브하우스   ㉢ 루브르 박물관   ㉣ 해비타트 67

(                              )

**2** '해비타트 67'에 대한 설명으로 바른 것은? (          )

① 큐브 모양 67개를 모아서 만들었기 때문에 이름이 '해비타트 67'이다.
② 캐나다 밴쿠버에 있다.
③ 피트 블롬이 설계했다.
④ 건축할 때 크레인으로 큐브를 하나하나씩 쌓아 올렸다.
⑤ 투명한 정육면체로 만들어졌다.

**3** 큐브 모양 건축물처럼 8개의 큐브로 다음과 같은 모양을 만들었을 때, 위, 앞, 옆에서 본 모양을 각각 선으로 이어 보세요.

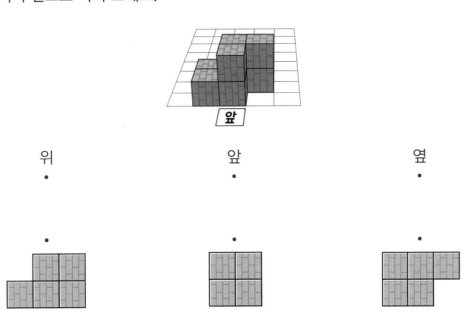

위                        앞                        옆
•                        •                        •


•                        •                        •

**4** 쌓기나무로 만든 모양입니다. 이 모양을 앞에서 바라봤을 때의 모양을 그려 보세요.

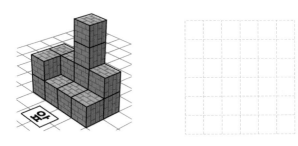

집을 만들기 위해 기둥을 만들었는데, 블록이 모두 몇 개인지 맞혀 봐.

위, 앞, 옆에서 본 모양을 보니 충분히 맞힐 수 있을 것 같은데?

위      앞      옆

## step 1   30초 개념

- 쌓은 모양을 보고 쌓기나무의 개수를 알 수 있습니다.

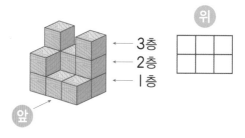

위

3층
2층
1층

앞

위에서 본 모양을 보면 뒤쪽에는 쌓기나무가 없으므로 1층에 6개, 2층에 4개, 3층에 2개입니다. 쌓은 모양을 만드는 데 필요한 쌓기나무는 12개입니다.

개념 연결

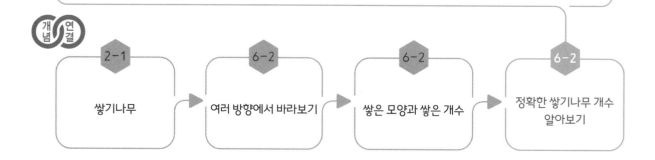

| 2-1 | 6-2 | 6-2 | 6-2 |
|---|---|---|---|
| 쌓기나무 | 여러 방향에서 바라보기 | 쌓은 모양과 쌓은 개수 | 정확한 쌓기나무 개수 알아보기 |

## step 2 설명하기

질문 ❶ ▷ 쌓기나무로 쌓은 모양과 이를 위에서 본 모양입니다. 위에서 본 모양에 수를 써넣고, 똑같은 모양을 만들기 위해 필요한 쌓기나무의 개수를 구해 보세요.

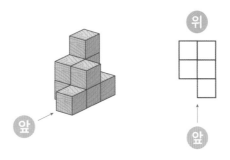

설명하기 ▷ 각 자리에 쌓은 쌓기나무의 개수를 그림에 쓰면 쌓기나무는 9개입니다.

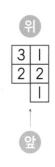

질문 ❷ ▷ 쌓기나무로 쌓은 모양을 위에서 본 모양에 수를 썼습니다. 쌓기나무의 개수를 구하고, 앞과 옆에서 본 모양을 각각 그려 보세요.

설명하기 ▷ 위에서 본 모양에 쓴 수를 모두 더하면 쌓기나무의 개수는 10개이고, 앞과 옆에서 본 모양은 다음과 같습니다.

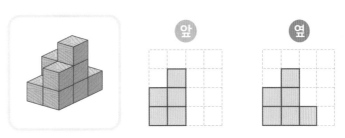

[1~3] 쌓기나무로 쌓은 모양과 이를 위에서 본 모양을 보고 물음에 답하세요.

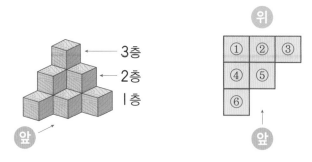

**1** 각 자리에 쌓인 쌓기나무의 수를 빈칸에 알맞게 써넣으세요.

| 자리 | ① | ② | ③ | ④ | ⑤ | ⑥ |
|---|---|---|---|---|---|---|
| 쌓기나무의 개수 (개) | | | | | | |

**2** 각 층에 쌓인 쌓기나무의 수를 빈칸에 알맞게 써넣으세요.

| 층 | 1 | 2 | 3 |
|---|---|---|---|
| 쌓기나무의 개수 (개) | | | |

**3** 똑같은 모양으로 쌓는 데 필요한 쌓기나무는 몇 개인가요?

(                      )

**4** 쌓기나무로 쌓은 모양을 보고 위에서 본 모양에 수를 썼습니다. 옆에서 본 모양을 그려 보세요.

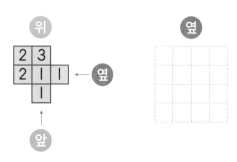

**5** 쌓기나무로 쌓은 모양을 보고 위에서 본 모양에 수를 썼습니다. 똑같은 모양으로 쌓는 데 필요한 쌓기나무는 몇 개인가요?

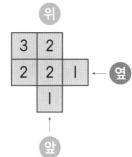

(                    )

**6** 쌓기나무로 쌓은 모양을 위, 앞, 옆에서 본 모양입니다. ②와 ④에 쌓인 쌓기나무는 각각 몇 개인가요?

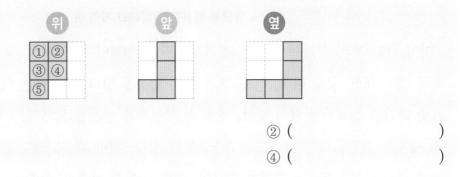

② (                    )

④ (                    )

**7** 쌓기나무로 쌓은 모양을 보고 위에서 본 모양에 수를 썼습니다. 가와 나 중 앞과 옆에서 본 모양이 같은 것을 찾아 기호를 써 보세요.

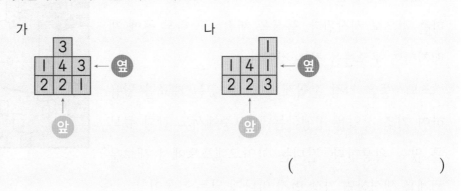

(                    )

# 게임 속에서 큐브 찾기

'마인크래프트'라는 게임 속 세상은 큐브로 가득하다. 프로그램의 원활한 운영을 위해 세상을 수학적으로 단순한 큐브로 구성한 것이다. 하지만 게임을 하는 사람들은 큐브로 이루어진 세상 속에서도 전혀 불편함을 느끼지 않고 게임을 즐긴다. 마인크래프트 속에서는 무언가를 만들기 위한 재료와 사람의 모습까지 큐브로 표현되어 있다.

▲ 큐브를 활용한 캐릭터와 게임 속 세상

마인크래프트의 무대는 무한히 펼쳐진 3차원 세계이다. 여기서 게임 속 캐릭터가 특별한 목적 없이 채집, 물품 제작, 건축, 토공 등의 활동을 한다. 게임에는 여러 가지 모드가 있어서 그중 하나를 선택하게 되어 있다. 세계 속 자원으로 생존을 도모하는 '서바이벌 모드', 자유롭게 세계를 가꾸는 '크리에이티브 모드' 등이 있다. 게임 내 세상은 '블록'이라 지칭하는 정육면체 모양의 물질들로 이루어져 있으며, 게임 내에서 발견할 수 있는 흙, 돌, 나무, 물, 용암 등 모든 물질은 블록 형태로 존재한다. 게임에서 할 수 있는 활동들은 대개 이런 블록들을 이동시켜 배치하는 것으로 시작된다. 블록을 채취하고 다른 곳에 재배치하여 구조물을 짓는 것이다.

초보자들은 가장 손쉽게 구할 수 있는 재료를 활용하여 기초 작업을 진행하는데, 그중에서도 잔디 큐브를 많이 활용한다. 잔디는 마인크래프트에서 새로운 세계를 생성하면 가장 먼저 만나게 되는 블록이다.

＊ **도모**: 어떤 일을 이루기 위하여 대책과 방법을 세움.
＊ **채취**: 풀, 나무, 광석 따위를 찾아 베거나 캐거나 하여 얻어 냄.

**1** 이 글에서 설명하는 게임의 이름은 무엇인가요?

(                              )

**2** 이 글에서 설명하는 게임에 대한 내용으로 맞는 것에 ○표, 틀린 것에 ✕표 해 보세요.

(1) 이 게임의 무대는 무한히 펼쳐진 3차원 세계이다. 여기서 게임 속 캐릭터가 특별한 목적 없이 채집, 물품 제작, 건축, 토공 등의 활동을 한다. (          )

(2) 게임 내에서 발견할 수 있는 흙, 돌, 나무, 물, 용암 등 모든 물질은 구 형태로 존재한다. (          )

(3) 게임에는 여러 가지 모드가 있다. (          )

(4) 초보자들은 가장 손쉽게 구할 수 있는 재료를 활용하여 기초 작업을 진행하는데, 그중에서도 돌 큐브를 많이 활용한다. (          )

**3** 오른쪽과 같은 모양에는 쌓기나무가 모두 몇 개 사용되었는지 알아보려고 합니다. 물음에 답하세요.

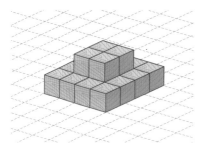

(1) 위에서 보았을 때, 각 칸에 쌓여 있는 쌓기나무의 개수를 써 보세요.

(2) 사용된 쌓기나무의 수는 모두 몇 개인가요?

(                              )

**4** 쌓기나무로 건축물을 만든 다음, 위에서 본 모양에 수를 쓴 것을 보고 앞과 옆에서 본 모양을 각각 그려 보세요.

## step ① 30초 개념

• 비의 뜻

두 수를 나눗셈으로 비교하기 위해 기호 :을 이용하여 나타낸 것을 비라고 합니다.

비 4 : 3에서 기호 ':' 앞에 있는 4를 전항, 뒤에 있는 3을 후항이라고 합니다.

• 비의 성질

(1) 비의 전항과 후항에 0이 아닌 같은 수를 곱하여도 비율은 같습니다.

(2) 비의 전항과 후항을 0이 아닌 같은 수로 나누어도 비율은 같습니다.

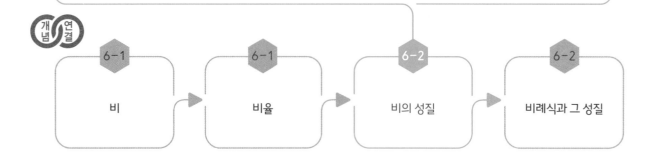

| 6-1 | 6-1 | 6-2 | 6-2 |
|---|---|---|---|
| 비 | 비율 | 비의 성질 | 비례식과 그 성질 |

**step 2** 설명하기

**질문 ①** 비 4 : 3의 전항과 후항에 0이 아닌 같은 수를 곱했을 때 비율은 어떻게 변하는지 설명해 보세요.

**설명하기** 비 4 : 3의 전항과 후항에 각각 2를 곱하면 8 : 6이 됩니다.

비 4 : 3의 비율은 $\frac{4}{3}$이고, 비 8 : 6의 비율은 $\frac{8}{6}$인데 $\frac{4}{3} = \frac{8}{6}$이므로 비의 전항과 후항에 2를 곱해도 비율은 같습니다.

또한 비 4 : 3의 전항과 후항에 각각 3을 곱하면 12 : 9가 됩니다.

비 4 : 3의 비율은 $\frac{4}{3}$이고, 비 12 : 9의 비율은 $\frac{12}{9}$인데 $\frac{4}{3} = \frac{12}{9}$이므로 비의 전항과 후항에 3을 곱해도 비율은 같습니다.

따라서 비의 전항과 후항에 0이 아닌 같은 수를 곱하여도 비율은 같습니다.

비의 전항과 후항에 각각 0을 곱하면 비는 0 : 0이 되어 비율을 구할 수 없게 되므로 0을 곱하는 것은 생각하지 않습니다.

**질문 ②** 비 12 : 18과 비율이 같은 비를 2개 쓰고, 비의 성질 중 어떤 것을 이용했는지 설명해 보세요.

**설명하기** 비 12 : 18과 비율이 같은 비는 2 : 3, 4 : 6, 24 : 36 등이 있습니다.

2 : 3은 12 : 18의 전항과 후항을 각각 6으로 나눈 것입니다.

비의 전항과 후항을 0이 아닌 같은 수로 나누어도 비율은 같다는 성질을 이용했습니다.

24 : 36은 12 : 18의 전항과 후항에 각각 2를 곱한 것입니다.

비의 전항과 후항에 0이 아닌 같은 수를 곱하여도 비율은 같다는 성질을 이용했습니다.

**1** 빈칸에 알맞은 수를 써넣으세요.

| 비 | 전항 | 후항 |
|---|---|---|
| 2 : 3 | | |
| 4 : 10 | | |
| 12 : 7 | | |

**2** 비의 성질을 이용하여 1 : 5와 비율이 같은 비를 찾아 ○표 해 보세요.

| 2 : 12 | 3 : 15 | 5 : 20 |
|---|---|---|
| ( ) | ( ) | ( ) |

**3** 4 : 5와 비율이 같은 비를 찾아 써 보세요.

16 : 24    5 : 4    20 : 16    28 : 35

4 : 5 ➡ ( )

**4** 두 직사각형의 (가로의 길이) : (세로의 길이)의 비율은 같습니다. ☐ 안에 알맞은 수를 써 넣으세요.

☐ cm

5 cm

3 cm

21 cm

**5** $\square$ 안에 알맞은 수를 써넣어 간단한 자연수의 비로 나타내어 보세요.

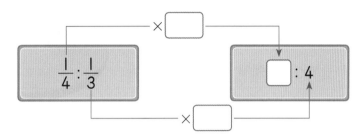

**6** 간단한 자연수의 비로 나타내어 보세요.

(1) $500 : 800$ ➡ $5 : \boxed{\phantom{0}}$

(2) $0.7 : \dfrac{1}{2}$ ➡ $\boxed{\phantom{0}} : 5$

**7** 사과 파이 10개를 만드는 데 사과 16개가 필요합니다. 사과 파이 수와 사과 파이를 만드는 데 필요한 사과 수의 비를 쓰고, 비율이 같은 비 3개를 더 써 보세요.

(사과 파이 수) : (사과 수) ➡ (                      )

비율이 같은 비 (                         )

**step ④ 도전 문제**

**8** $0.45 : \dfrac{2}{5}$ 를 간단한 자연수의 비로 나타내려고 합니다. 비의 후항을 소수로 바꾸어서 간단한 자연수의 비로 나타내어 보세요.

> 풀이 과정

(                 )

**9** 같은 책을 읽는 데 가을이는 2시간, 봄이는 3시간이 걸렸습니다. 가을이와 봄이가 한 시간에 읽은 책의 양을 간단한 자연수의 비로 나타내어 보세요.

(                 )

# 기막힌 공기의 비율

사람이 살기 위해서는 산소가 필요하다. 산소가 있어야 숨을 쉬며 살아갈 수 있다. 공기 중에 이러한 산소의 비율은 얼마나 될까? 우리에게 보이지 않고, 우리가 느끼지 못하지만 공기 중에는 대략 21 %의 산소가 있다. 100 % 중 나머지 78 %에는 질소가 있고, 그 외에 이산화 탄소, 아르곤, 헬륨 등이 1 %를 차지한다.

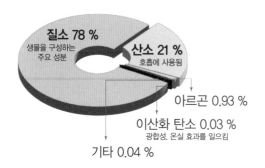

그중에서도 인간의 호흡과 직접적으로 관련된 산소는 식물에 의해 생겨난다. 식물이 탄소 동화 작용<sup>*</sup>을 통해 산소를 배출하는 것이다.

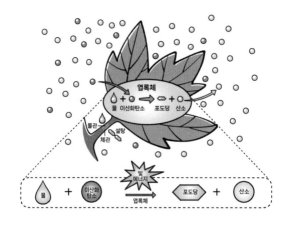

그렇다면 산소는 공기 중에 많을수록 좋을까?

산소가 더 많으면 좋을 것 같지만, 산소가 1 % 많아지고 질소가 1 % 줄어들면 자연 발화<sup>*</sup> 등의 화재가 쉽게 발생할 수 있다고 한다. 반대로 산소가 1 % 줄어들고 질소가 1 % 늘어나면 숨을 쉬기가 어려워져서 인간과 동물이 살기 어려울 것이라고 한다. 산소가 많은 것이 우리에게 이로운 것이라고 생각했는데, 1 %만 늘어나도 살아 있는 생명체를 위협하고, 1 %가 줄어들어도 생명에 위협을 가하게 되는 것이다. 공기 중 기체의 비율은 일정하게 유지되어야만 모든 생명체가 안정적으로 살아갈 수 있다.

＊**동화 작용**: 외부에서 섭취한 에너지원을 자체의 고유한 성분으로 변화시키는 일
＊**자연 발화**: 물질이 상온에서 스스로 불이 붙어 연소되는 현상

**1** 이 글의 중심 내용이 무엇인지 ☐ 안에 알맞은 말을 써넣으세요.

공기 중 기체의 ☐☐은 ☐☐하게 유지되어야 한다.

**2** 이 글과 관련이 <u>없는</u> 내용은? (　　　　)

① 공기 중의 산소는 우리가 숨 쉬는 것과 밀접한 관련이 있다.
② 산소는 식물에 의해 생겨난다.
③ 공기 중 산소가 많아지면 자연 발화 등의 화재가 쉽게 발생할 수 있다.
④ 공기 중 이산화 탄소의 비율은 3 %이다.
⑤ 공기 중에 가장 많은 기체는 질소이다.

[3～6] 글을 읽고 물음에 답하세요.

**3** 공기 중 '질소 : 산소'의 비를 구해 보세요.

(　　　　　　　　　　)

**4** 공기 중 질소가 1 % 줄고, 산소가 1 % 늘어났을 때의 비를 구해 보세요.

(　　　　　　　　　　)

**5** 문제 **4**에서 구한 비를 가장 간단한 자연수의 비로 나타내어 보세요.

(　　　　　　　　　　)

**6** 공기 중 아르곤과 이산화 탄소의 비를 가장 간단한 자연수의 비로 나타내어 보세요.

(　　　　　　　　　　)

# 12
### 비례식과
### 비례배분

---

**step 1**  **30초 개념**

- 비례식의 뜻

  비율이 같은 두 비를 기호 '='를 사용하여 6 : 4 = 18 : 12
  와 같이 나타낸 식을 비례식이라고 합니다.

  비례식 6 : 4 = 18 : 12에서 바깥쪽에 있는 6과 12를 외항,
  안쪽에 있는 4와 18을 내항이라 합니다.

- 비례식의 성질

  비례식 6 : 4 = 18 : 12에서 외항의 곱은 6 × 12 = 72, 내항의 곱은 4 × 18 = 72
  와 같이 외항의 곱과 내항의 곱은 항상 같습니다.

  외항
  $$6 : 4 = 18 : 12$$
  내항

---

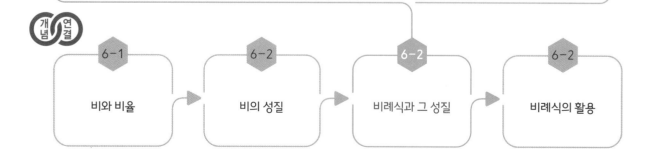

step **2**  **설명하기**

질문 **1** ▶ 비율이 같은 두 비를 찾아 비례식으로 나타내어 보세요.

$$\frac{1}{2} : \frac{1}{3} \qquad 3:2 \qquad 0.8:0.2 \qquad 4:1 \qquad 4:3$$

설명하기 ▷ $\frac{1}{2} : \frac{1}{3}$의 전항과 후항에 각각 6을 곱하면 3 : 2이므로 비의 성질에 의해 $\frac{1}{2} : \frac{1}{3}$과 3 : 2는 비율이 같습니다. 따라서 비례식으로 나타내면 $\frac{1}{2} : \frac{1}{3} = 3:2$입니다.

0.8 : 0.2의 전항과 후항에 각각 10을 곱하면 8 : 2이고, 8 : 2의 전항과 후항을 각각 2로 나누면 4 : 1이므로 비의 성질에 의해 0.8 : 0.2와 4 : 1은 비율이 같습니다. 따라서 비례식으로 나타내면 0.8 : 0.2 = 4 : 1입니다.

4 : 3과 비율이 같은 비는 없습니다.

질문 **2** ▶ 비례식 4 : 9 = 8 : 19가 옳은지 판단하고, 그 이유를 설명해 보세요.

설명하기 ▷ 비례식 4 : 9 = 8 : 19에서 외항의 곱은 4 × 19 = 76인데 내항의 곱은 9 × 8 = 72이므로 외항의 곱과 내항의 곱이 같지 않습니다.
따라서 비례식 4 : 9 = 8 : 19는 옳지 않습니다.

비례식이 옳은지 판단하는 근거로는 비례식의 성질 이외에도 비례식의 뜻을 생각할 수 있습니다. 즉, 비례식은 비율이 같은 두 비를 등호(=)를 사용하여 나타낸 식이므로 4 : 9 = 8 : 19의 비율을 각각 구하면 $\frac{4}{9}$, $\frac{8}{19}$인데 두 비율은 같지 않으므로 비례식 4 : 9 = 8 : 19는 옳지 않음을 알 수 있습니다. 또한 비의 성질을 이용해서 판단할 수도 있는데 비 4 : 9의 전항과 후항에 각각 2를 곱하면 8 : 18이 되어 8 : 19와는 다른 비가 되기 때문에 비례식 4 : 9 = 8 : 19는 옳지 않음을 알 수 있습니다.

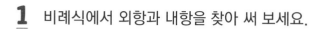

**1** 비례식에서 외항과 내항을 찾아 써 보세요.

$$4 : 5 = 16 : 20$$

외항 (                 )

내항 (                 )

**2** 비례식이 맞는 것을 모두 찾아 ○표 해 보세요.

| $2 : 7 = 8 : 28$ | $0.4 : 1.5 = 1 : 3$ | $300 : 400 = 6 : 8$ |
|:---:|:---:|:---:|
| (      ) | (      ) | (      ) |

**3** 비율을 보고 비례식으로 나타내어 보세요.

$$\frac{1}{2} = \frac{4}{8}$$

$\square : 2 = \square : \square$

**4** 비례식의 성질을 이용하여 $\square$ 안에 알맞은 수를 써넣으세요.

(1) $4 : \square = 12 : 30$

(2) $\square : 6 = 72 : 54$

(3) $0.6 : \square = 9 : 1.5$

(4) $3\frac{2}{3} : 1.2 = \square : 18$

**5** □ 안에 들어갈 수가 가장 큰 것부터 차례로 기호를 써 보세요.

$\text{㉠}\ 45 : 63 = 5 : \square$

$\text{㉡}\ 4.9 : \square = 7 : 8$

$\text{㉢}\ \dfrac{1}{4} : \dfrac{9}{4} = \square : 36$

(                              )

**6** 비례식이 맞는지 알아보고 그렇게 생각한 이유를 써 보세요.

$$4\dfrac{4}{9} : 4 = 25 : 27$$

이유

step 4 도전 문제

**7** 조건 에 맞는 비례식을 완성해 보세요.

조건
• 비율은 $\dfrac{3}{5}$입니다.
• 외항의 곱은 210입니다.

$\square : 35 = \square : \square$

**8** $1\dfrac{5}{7} \times \text{㉮} = \dfrac{6}{7} \times \text{㉯}$일 때, ㉮ : ㉯의 비를 간단한 자연수의 비로 나타내어 보세요.

(                              )

# 도전! 슬라임 만들기

오늘 '슬라임 만들기'에 도전했다. 인터넷을 검색해 보았더니 슬라임을 만들기 위해서는 물풀, 물, 렌즈 세척액*, 베이킹소다가 필요했다. 렌즈 세척액은 가장 싼 제품을 찾아 5000원에 구매했고, 베이킹소다는 집에 남은 것이 있었다.

슬라임을 만들 때 가장 중요한 것은 비율이다. 나는 물풀 600 mL, 물 400 mL, 렌즈 세척액 100 mL, 베이킹소다 80 mL를 준비했다. 집에 마침 비커가 있어서 그것으로 용량을 맞추었다.

넉넉한 볼*에 재료를 마구 넣고 섞었다. 물풀, 물, 렌즈 세척액을 차례로 붓고, 베이킹소다는 조금씩 넣으면서 섞었다. 베이킹소다를 많이 넣으면 슬라임이 잘 늘어나지 않기 때문에 조금씩 넣으면서 섞는 것이 '꿀팁'이다.

재료를 다 넣었으면 이제 손에 묻어나지 않을 때까지 섞으면 된다. 나무젓가락을 이용하여 열심히 저었더니, 짜잔~ 드디어 슬라임이 완성되었다. 여기에 원하는 색깔의 물감까지 넣어 주면 금상첨화! 정말 신기한 경험이었다.

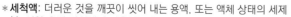

* **세척액**: 더러운 것을 깨끗이 씻어 내는 용액. 또는 액체 상태의 세제
* **볼**: 서양 요리 따위에서 사용하는 안이 깊은 식기.

**1** 슬라임을 만들기 위해 필요한 재료가 <u>아닌</u> 것은? (           )

① 물풀　　　　　② 베이킹소다　　　　③ 식초
④ 물　　　　　　⑤ 렌즈 세척액


**2** 베이킹소다를 섞는 방법으로 적절한 것을 모두 골라 기호를 써 보세요.

> ㉠ 베이킹소다를 많이 넣으면 슬라임이 잘 늘어난다.
> ㉡ 만드는 비율대로 한 번에 바로 넣고 섞는다.
> ㉢ 조금씩 넣으면서 섞는 것이 좋다.
> ㉣ 베이킹소다를 많이 넣으면 슬라임이 잘 늘어나지 않는다.

(                    )


**3** 슬라임을 만들기 위해서 준비한 재료 중 물에 대한 물풀의 비를 가장 간단한 자연수의 비로 나타내어 보세요.

(                    )


**4** 슬라임을 만들기 위해서 준비한 재료 중 물에 대한 렌즈 세척액의 비와 렌즈 세척액에 대한 베이킹소다의 비를 가장 간단한 자연수의 비로 나타내어 보세요.

(            ,            )


**5** 슬라임을 만들기 위해서 준비한 재료 중 물에 대한 렌즈 세척액의 비와 렌즈 세척액에 대한 베이킹소다의 비는 비율이 같은지 설명해 보세요.

## 13 비례식과 비례배분

• 비례식의 활용

## step 1 30초 개념

• 비례식의 활용 문제를 해결할 때는 다음과 같이 다양한 방법을 이용합니다.

(1) 비의 성질 이용하기

예 $3:4=15:\square$에서 $15=3\times5$이므로 $\square=4\times5=20$

(2) 비례식의 성질 이용하기

예 $3:4=15:\square$에서 $3\times\square=4\times15=60$이므로 $\square=60\div3=20$

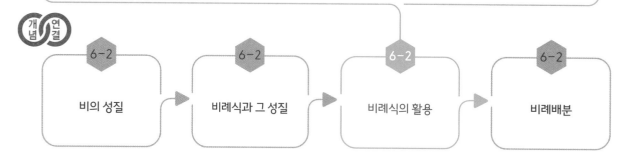

개념 연결

6-2 비의 성질 → 6-2 비례식과 그 성질 → 6-2 비례식의 활용 → 6-2 비례배분

## step 2 설명하기

**질문 ❶**  5분 동안 충전하면 100 km를 달리는 전기 자동차가 있습니다. 이 전기 자동차가 400 km를 달리려면 몇 분 동안 충전해야 하는지 구해 보세요.

**설명하기**  전기 자동차의 충전 시간과 달릴 수 있는 거리의 비는 5 : 100입니다.
전기 자동차가 400 km를 달리는 데 필요한 충전 시간을 □분이라 하고 비례식을 세우면 5 : 100=□ : 400입니다.
비례식의 성질을 이용하면
$5 \times 400 = 100 \times \square$, $100 \times \square = 2000$에서 □=20(분)입니다.

비의 성질을 이용하면 비례식 5 : 100=□ : 400은 후항을 4배 한 것이므로 전항도 4배 하면 □=5×4=20(분)임을 알 수 있습니다.

**질문 ❷**  김밥 2인분을 만들 때 필요한 밥의 양이 300 g일 때, 김밥 5인분을 만들 때 필요한 밥의 양을 구해 보세요.

**설명하기**  김밥 2인분을 만들 때 필요한 밥의 양을 나타낸 비는 2 : 300입니다.
김밥 5인분을 만들 때 필요한 밥의 양을 □ g이라 하고 비례식을 세우면
2 : 300=5 : □입니다.
비례식의 성질을 이용하면
$2 \times \square = 300 \times 5$, $2 \times \square = 1500$에서 □=750(g)입니다.

김밥 2인분을 만들 때 밥이 300 g 필요하므로, 김밥 1인분을 만들 때 필요한 밥은 150 g 입니다.
따라서 김밥 5인분을 만들 때 필요한 밥은 150×5=750(g)입니다.

**1** 김치와 부침가루를 3 : 2로 섞어 김치부침개를 만들려고 합니다. 김치를 180 g 넣는다면 부침가루는 몇 g 넣어야 하는지 구해 보세요.

( 풀이 )

넣어야 할 부침가루의 양을 ■ g이라 하고 비례식을 세우면

3 : 2 = [          ] : ■입니다. 비례식의 성질을 이용하면

➡ 3 × ■ = 2 × [          ], 3 × ■ = [          ], ■ = [          ]

부침가루의 양 (                              )

**2** 봄이네 학교 6학년 남학생 수와 여학생 수의 비는 3 : 4입니다. 여학생이 120명이면 남학생은 몇 명인지 구해 보세요.

( 풀이 )

남학생 수를 ■명이라 하고 비례식을 세우면

3 : 4 = ■ : 120입니다. 비의 성질을 이용하면 4 × 30 = 120이므로

➡ ■ = [          ] × [          ], ■ = [          ]

남학생 수 (                              )

**3** 20분 동안 35 km를 달리는 자동차가 있습니다. 이 자동차가 같은 빠르기로 4분 동안 달린 거리는 몇 km일까요?

(                              )

**4** 문방구에서 연필 5자루를 2000원에 팔고 있습니다. 연필 3자루를 사려면 얼마가 필요한지 비례식을 세우고 답을 구해 보세요.

비례식 (                              )

(                              )

**5** 사과즙 500 g을 만드는 데 사과가 600 g 필요합니다. 사과즙 2500 g을 만드는 데 사과가 몇 g 필요할까요?

(                  )

**6** 여름이네 집에서 밥을 지을 때 백미와 현미를 8 : 3으로 넣는다고 합니다. 현미를 210 g 넣는다면 백미는 몇 g을 넣어야 할까요?

(                  )

**7** 비아는 소금과 물을 섞어서 소금물 900 g을 만들었습니다. 소금과 소금물의 비가 1 : 10 이라면 소금물을 만드는 데 사용한 소금은 몇 g일까요?

(                  )

**step 4 도전 문제**

**8** 가을이는 408쪽인 책을 일주일 동안 168쪽 읽었습니다. 가을이가 이 책을 다 읽으려면 며칠을 더 읽어야 하는지 구해 보세요. (단, 가을이가 하루 동안 읽는 책의 쪽수는 일정합니다.)

(             )

**9** 시장에서 2개에 3000원인 사과와 3개에 6000원인 참외를 사려고 합니다. 사과와 참외를 각각 8개씩 사려면 내야 하는 돈은 모두 몇 원일까요?

(             )

# 피라미드의 높이 구하기

탈레스는 기원전 6세기 무렵에 살았던 고대 그리스 수학자로 철학, 천문학, 기하학에 모두 능했다. 당시 이집트의 왕 파라오는 탈레스에게 피라미드의 높이를 구해 달라고 요청했다.

피라미드는 엄청나게 큰 벽돌을 10만 명의 사람들이 20년 동안 쌓은 것이라고 한다. 그 규모가 엄청났기 때문에 탈레스는 거대한 피라미드의 높이를 어떻게 잴 수 있을지 고민했다.

탈레스가 피라미드의 높이를 잰다는 소식에 사람들이 구름 떼처럼 몰려왔다. 그런데 이내 실망하고 말았다. 탈레스의 손에는 '자'와 '막대'만 있었기 때문이다. 탈레스는 태양 아래 서서 막대를 세웠다. 막대의 그림자가 생겼고, 옆에 피라미드의 그림자도 있었다.

탈레스는 막대의 길이와 막대의 그림자의 길이를 재더니 쓱쓱 계산을 시작했다.

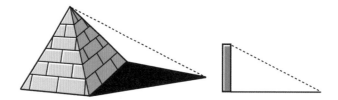

"자, (피라미드 높이) : (피라미드 그림자의 길이)＝(막대 길이) : (막대 그림자의 길이)니까 피라미드의 높이는 대략 144.6 m가 되겠군."

계산을 마친 탈레스가 말했다.

탈레스가 잰 피라미드의 높이는 현대의 계산법으로 계산한 피라미드의 높이인 146.6 m와 비교할 때 2 m밖에 차이가 나지 않는 것으로, 꽤 정확한 수치라고 할 수 있다. 탈레스는 막대의 길이와 막대의 그림자의 길이가 비례하는 만큼 피라미드의 높이와 피라미드의 그림자의 길이가 비례할 것이라고 생각한 것이었다.

＊**규모**: 사물이나 현상의 크기나 범위

**1** 탈레스가 피라미드의 높이를 구할 때 이용한 수학 개념은 무엇인지 설명해 보세요.

**2** 피라미드의 높이를 구하기 위해 알아야 하는 값을 모두 골라 기호를 써 보세요.

> ㉠ 막대의 길이
> ㉡ 막대의 그림자의 길이
> ㉢ 피라미드 벽돌의 크기
> ㉣ 자의 길이
> ㉤ 피라미드의 그림자의 길이

(                    )

**3** 막대의 길이가 20 cm이고, 막대의 그림자의 길이가 1 m일 때 그림자의 길이가 25 m 인 나무의 높이는? (            )

① 1 m          ② 5 m          ③ 25 m
④ 50 m         ⑤ 500 m

**4** 주어진 조건을 이용하여 나무의 높이를 구하려고 합니다. 물음에 답하세요.

> 막대의 길이: 31 cm
> 막대의 그림자의 길이: 93 cm
> 나무의 그림자의 길이: 24 m

(1) 나무의 높이를 구하기 위한 비례식을 세워 보세요.

비례식 _____

(2) 나무의 높이는 몇 m인가요?

(                    )

비례배분

## step 1   30초 개념

• 전체를 주어진 비로 배분하는 것을 비례배분이라고 합니다.

도넛 5개를 3 : 2로 배분하면 3개와 2개로 나눌 수 있습니다.

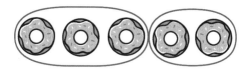

도넛 10개를 3 : 2로 배분하면 6개와 4개로 나눌 수 있습니다.

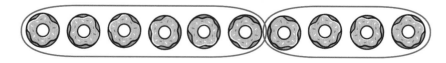

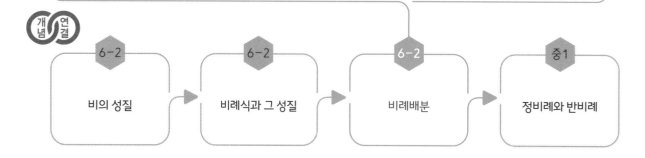

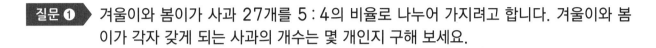
**step 2  설명하기**

**질문 ❶**  겨울이와 봄이가 사과 27개를 5 : 4의 비율로 나누어 가지려고 합니다. 겨울이와 봄이가 각자 갖게 되는 사과의 개수는 몇 개인지 구해 보세요.

**설명하기**  5 : 4로 비례배분하므로 전체를 9로 생각하면 겨울이는 전체의 $\dfrac{5}{9}$, 봄이는 전체의 $\dfrac{4}{9}$를 갖게 됩니다. 두 사람이 각자 갖는 사과는

겨울: $27 \times \dfrac{5}{9} = 15$(개), 봄: $27 \times \dfrac{4}{9} = 12$(개)입니다.

**질문 ❷**  공책 120권을 3 : 5의 비로 각각 1반과 2반에게 나누어 주려고 합니다. 2반이 받을 공책은 몇 권인지 구해 보세요.

**설명하기**  3 : 5의 비에서 전체를 8로 생각할 수 있으므로 전체와 2반의 비는 8 : 5라고 할 수 있습니다.

2반이 받을 공책의 권수를 $\square$라 하면

$8 : 5 = 120 : \square$

비의 성질에 의하여 $120 = 8 \times 15$이므로 $\square = 5 \times 15 = 75$(권)입니다.

$8 : 5 = 120 : \square$에서 비례식의 성질을 이용하면

$8 \times \square = 5 \times 120,\ 8 \times \square = 600$에서 $\square = 75$

를 구할 수도 있습니다.

**1** 12를 1:2로 비례배분해 보세요.

$$12 \times \cfrac{1}{\boxed{\phantom{x}}+\boxed{\phantom{x}}} = 12 \times \cfrac{\boxed{\phantom{x}}}{\boxed{\phantom{x}}} = \boxed{\phantom{x}}$$

$$12 \times \cfrac{2}{\boxed{\phantom{x}}+\boxed{\phantom{x}}} = 12 \times \cfrac{\boxed{\phantom{x}}}{\boxed{\phantom{x}}} = \boxed{\phantom{x}}$$

**2** 쌀과 현미가 3:2로 섞여 있는 잡곡의 무게가 450 g입니다. 쌀과 현미의 무게는 각각 몇 g일까요?

$$\text{쌀의 무게: } 450 \times \cfrac{\boxed{\phantom{x}}}{\boxed{\phantom{x}}} = \boxed{\phantom{xx}} \text{ (g)}$$

$$\text{현미의 무게: } 450 \times \cfrac{\boxed{\phantom{x}}}{\boxed{\phantom{x}}} = \boxed{\phantom{xx}} \text{ (g)}$$

**3** 찰흙 33 kg을 학생 수에 따라 두 모둠이 나누어 가지려고 합니다. 여름이네 모둠은 3명, 가을이네 모둠은 8명이라면 가을이네 모둠은 찰흙을 몇 kg 가지게 될까요?

(               )

**4** 봄이에게 사탕이 70개 있습니다. 이 중 $\dfrac{2}{7}$를 동생이 가져가고, 나머지를 봄이와 겨울이가 2:3으로 나누어 먹었습니다. 겨울이가 먹은 사탕은 몇 개인가요?

(               )

**5** 어머니께서 주신 용돈 30000원을 가을이와 동생이 3 : 2로 나누어 가지려다 잘못하여 가을이가 25000원을 가졌습니다. 가을이가 동생에게 얼마를 돌려주어야 하는지 구해 보세요.

(                )

**6** 어느 날 낮과 밤의 길이의 비가 $1.3 : 1\frac{1}{10}$ 입니다. 이 날 낮의 길이는 몇 시간 몇 분인지 구해 보세요.

(                )

**7** 삼각형의 밑변과 높이의 비는 $1 : \frac{4}{5}$ 이고, 밑변과 높이의 합은 108 cm입니다. 이 삼각형의 넓이는 몇 cm²인지 구해 보세요.

(         )

**8** 연필 141자루를 여름이와 겨울이가 나누어 가지려고 합니다. 여름이가 겨울이보다 연필을 21자루 더 많이 가질 때 여름이와 겨울이가 가지는 연필의 수를 간단한 자연수의 비로 나타내어 보세요.

(         )

# 아버지의 유산

아버지가 임종$^*$하기 전, 세 아들에게 유언을 남겼다.

"낙타 17마리를 물려줄 터이니 맏이는 $\frac{1}{2}$을 갖고 둘째는 $\frac{1}{3}$을 갖고 막내는 $\frac{1}{9}$을 갖거라."

그런데 17은 2로 나누어떨어지지 않고 3이나 9로도 나누어떨어지지 않는다. 1과 자신으로만 나누어떨어지기 때문에 유언에 따라 낙타를 나눈다는 것은 애초에 불가능한 일이었다.

그렇게 삼 형제가 며칠 밤낮을 고민하고 있자니, 지혜 있는 사람이 그들을 찾아와 해법$^*$을 알려 주었다. 그 덕분에 삼 형제는 아버지의 유언대로 낙타를 나누어 가질 수 있게 되었다.

이 문제를 지혜로운 사람은 어떻게 해결할 수 있었을까? 지혜로운 사람의 풀이 방법은 다음과 같았다.

> (첫째가 가져야 할 낙타의 수) : (둘째가 가져야 할 낙타의 수) : (셋째가 가져야 할 낙타의 수)
> $= \frac{1}{2} : \frac{1}{3} : \frac{1}{9}$ 이므로 각 항에 18을 곱하면 9 : 6 : 2가 된다.
> 따라서 낙타는 첫째가 9마리, 둘째가 6마리, 셋째가 2마리를 가진다.

이는 엄밀히 따지면 정확한 답이라고 볼 수 없다. 왜냐하면 형제가 가진 낙타 $\frac{2}{17}$, $\frac{6}{17}$, $\frac{9}{17}$는 당연히 $\frac{2}{18}$, $\frac{6}{18}$, $\frac{9}{18}$보다 크기 때문이다. 즉, 수학적으로는 낙타를 명확하게 나누어 가질 수가 없다.

그렇다면 아버지는 왜 이런 유언을 남겼을까? 일부러 낙타를 나눌 수 없도록 해서 삼 형제가 함께 낙타를 키우며 의좋게 살아가기를 바란 것이 아닐까?

$^*$**임종**: 죽음을 맞이함.
$^*$**해법**: 해내기 어렵거나 곤란한 일을 푸는 방법

**1** 이야기 순서대로 기호를 써 보세요.

> ㉠ 낙타를 나눌 수 없어 고민했다.
> ㉡ 아버지가 낙타를 유산으로 남겼다.
> ㉢ 삼 형제가 낙타를 나누어 가졌다.
> ㉣ 지혜로운 사람이 나타났다.

(               )

**2** 아버지가 명확하게 나눌 수 없는 낙타 17마리를 물려준 진짜 이유를 찾아 써 보세요.

**3** 다음 비례배분이 잘못된 이유를 찾아 써 보세요.

> (첫째가 가져야 할 낙타의 수) : (둘째가 가져야 할 낙타의 수) : (셋째가 가져야 할 낙타의 수)
> $= \dfrac{1}{2} : \dfrac{1}{3} : \dfrac{1}{9}$ 이므로 각 항에 18을 곱하면 9 : 6 : 2가 된다.
> 따라서 낙타는 첫째가 9마리, 둘째가 6마리, 셋째가 2마리를 가진다.

( 이유 )

[4～5] 낙타가 18마리일 때 물음에 답하세요.

**4** 낙타를 첫째는 갖지 않고 둘째와 셋째가 4 : 5의 비율로 가지려고 합니다. 두 사람이 가지게 되는 낙타의 수를 각각 구해 보세요.

둘째 (           ), 셋째 (           )

**5** 낙타를 둘째는 갖지 않고 첫째와 셋째가 2 : 1의 비율로 가지려고 합니다. 두 사람이 가지게 되는 낙타의 수를 각각 구해 보세요.

첫째 (           ) 셋째 (           )

15 원의 넓이

● 원주율

3월 14일은 원주율(파이) 3.14와 숫자가 같아서 파이데이야. 그래서 파이를 선물로 준비했어.

아~ 그렇구나. 원주율(파이) 3.14와 3월 14일 ……

난 먹는 파이가 더 좋아.

난 파이도 좋고, 사탕도 좋아.

그래! 수학을 좋아한다면 3월 14일은 파이데이야.

step 1 30초 개념

- 원의 둘레를 원주라고 합니다.
  원의 지름에 대한 원주의 비율을 원주율이라고 합니다.

(원주율)＝(원주)÷(지름)

원주율을 소수로 나타내면
3.1415926535897932……와 같이 끝없이
계속됩니다.
따라서 필요에 따라 3, 3.1, 3.14 등으로 어림하여 사용하기도 합니다.

개념 연결

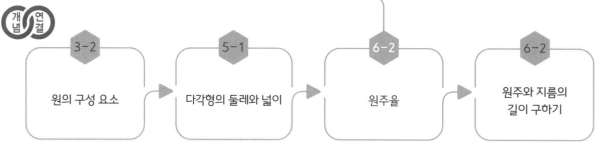

3-2
원의 구성 요소

5-1
다각형의 둘레와 넓이

6-2
원주율

6-2
원주와 지름의 길이 구하기

step **2** 설명하기

**질문 ❶** 정육각형의 둘레와 원의 반지름의 길이의 관계를 이용하여 원주가 원의 지름의 □배 보다 크다고 할 수 있는지 설명해 보세요.

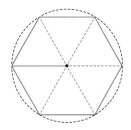

설명하기 > 정육각형의 둘레는 원의 반지름의 길이의 **6**배와 같습니다.
따라서 정육각형의 둘레는 원의 지름의 길이의 **3**배와 같습니다.
원주는 정육각형의 둘레보다 더 길므로 원주는 원의 지름의 길이의 **3**배보다 큽니다.

**질문 ❷** 정사각형의 둘레와 원의 지름의 길이의 관계를 이용하여 원주가 원의 지름의 □배보 다 작다고 할 수 있는지 설명해 보세요.

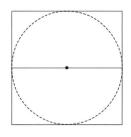

설명하기 > 정사각형의 둘레는 원의 지름의 길이의 **4**배와 같습니다.
원주는 정사각형의 둘레보다 더 짧으므로 원주는 원의 지름의 길이의 **4**배보다 작 습니다.

두 가지 사실을 동시에 생각하면 원주는 원의 지름의 길이의 **3**배보다 크고 **4**배보다 작다는 결론을 얻을 수 있습니다.

**1** ☐ 안에 알맞은 말을 써넣으세요.

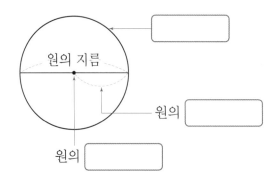

원의 지름

원의 ☐

원의 ☐

**2** ☐ 안에 알맞은 말을 써넣으세요.

- 원의 둘레를 ☐ (이)라고 합니다.
- 원의 지름에 대한 원주의 비율을 ☐ (이)라고 합니다.

**3** 원주율을 소수로 나타내려면 다음과 같이 끝없이 써야 합니다. 원주율을 반올림하여 소수 넷째 자리까지 나타내어 보세요.

$$3.141592653589793 2 \cdots\cdots$$

( )

**4** 다음 중 옳지 <u>않은</u> 것은? ( )

① 원의 둘레를 원주라고 합니다.
② 반지름이 커지면 원주도 커집니다.
③ 원주율은 항상 일정합니다.
④ (원주)=(반지름)×(원주율)입니다.
⑤ 원의 지름에 대한 원주의 비율을 원주율이라고 합니다.

**5** 원주와 지름의 관계를 나타낸 표입니다. 빈칸에 알맞은 수를 써넣으세요.

| 원주(cm) | 지름(cm) | (원주)÷(지름) |
|---|---|---|
| 31.4 | 10 | |
| 62.8 | 20 | |
| 94.2 | 30 | |

**6** 크기가 다른 원 모양의 바퀴가 있습니다. 각 바퀴의 (원주)÷(지름)을 비교하여 ◯ 안에 >, =, <를 알맞게 써넣으세요.

원주: 125.6 cm          원주: 157 cm

**7** 지름의 길이가 서로 다른 원에서 항상 같은 것을 찾아 기호를 써 보세요.

> ㉠ 원의 크기          ㉡ 원주          ㉢ 지름
>
> ㉣ 반지름          ㉤ 원주율

(                    )

# 3월 14일 파이데이를 아시나요?

3월 14일은 어떤 날인가요? 사랑하는 사람에게 사탕을 주는 화이트데이가 쉽게 떠오르지요. 미국에서 이날은 파이데이로 더 유명하다고 해요. 파이데이는 어떤 날일까요? 파이를 구워서 서로 나누는 날일까요?

파이데이는 프랑스의 수학자 자르투가 파이를 3.14로 끊어 읽기 시작한 것을 기념하는 날이에요. 3월 14일인 이유는 파이값이 3.141592······로 이어지기 때문이에요. 제일 앞의 숫자 세 자리를 끊어서 기념일을 만든 것이에요. 미국에서는 이날 파이데이 행사가 많이 개최된다고 해요. 3.14 km의 작은 마라톤 대회, 파이 던지기, 파이값 외우기, 파이값 구하기 등의 행사가 열리고, MIT는 합격자 발표를 이날 한다고 해요. 샌프란시스코 탐험 박물관에서는 매년 3월 14일 1시 59분에 원주율의 탄생을 축하하고 수학의 발전을 기원하며 3분 14초 동안 묵념\*을 하고, 미국의 하버드와 영국의 옥스퍼드 등 유명 대학에서도 수학을 전공한 학생들이 '파이 클럽($\pi-$club)'을 만들고 3월 14일 오후 1시 59분 26초쯤 모여서 $\pi$ 모양의 파이를 만들어 먹으며 이날을 축하해요.

3월 14일은 다른 면에서도 의미가 있는 날이에요. 우리가 잘 알고 있는 아인슈타인의 생일이면서 스티븐 호킹이 돌아가신 날이기도 하거든요. 우리나라에서는 2000년경 포항공대 수학 연구 동아리 마르쿠스가 재학생과 시민을 대상으로 행사를 열면서 알려지게 되었고, 그 이후 수학이나 과학 관련 학과에서 파이데이 행사를 많이 진행하게 되었어요.

파이데이를 기념하는 공식 사이트도 있어요. 파이데이 홈페이지(https://www.piday.org)에서 파이의 유래와 원리에 대한 설명, 기념행사를 안내받을 수 있고, $\pi$가 그려진 컵이나 티셔츠 같은 기념품도 구매할 수 있어요.

---

\***묵념**: 말없이 마음으로 가만히 빎.

**1** 3월 14일은 미국에서 어떤 날로 유명한가요?

(                    )

**2** 이 글에서 언급된 '파이데이' 관련 활동이 <u>아닌</u> 것은? (          )

① 작은 마라톤 대회          ② 파이 던지기
③ 파이값 외우기          ④ 파이 만들어 선물하기
⑤ 파이값 구하기

**3** 구름자는 바닥에 놓고 굴리며 거리를 잴 수 있는 1미터 측정자로, 손잡이를 잡고 굴리면 1미터마다 '딸깍' 소리가 납니다. 가을이는 구름자로 땅에 있는 선분의 길이를 구하려고 합니다. 구름자의 반지름의 길이가 약 16 cm이고, 둘레가 100 cm일 때, 구름자의 원주율은 얼마인지 소수 셋째 자리에서 반올림하여 소수 둘째 자리까지 구해 보세요.

(                    )

**4** 아르키메데스는 그림과 같이 원의 안쪽과 바깥쪽의 정다각형의 둘레를 이용하여 원의 둘레를 구했습니다. 그림에서 원의 반지름의 길이가 5 cm일 때, 물음에 답하세요.

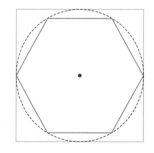

(1) 정사각형과 정육각형의 둘레의 길이는 각각 몇 cm인가요?

정사각형 (                    )

정육각형 (                    )

(2) 원의 둘레의 길이는 몇 cm인가요?

(                    )

**step 1  30초 개념**

- (원주율)＝(원주)÷(지름)임을 이용하면 원주와 지름의 길이를 구할 수 있습니다.
  (1) 지름을 알 때, 원주는
    (원주)＝(지름)×(원주율)
  로 구합니다.
  (2) 원주를 알 때, 지름의 길이는
    (지름)＝(원주)÷(원주율)
  로 구합니다.

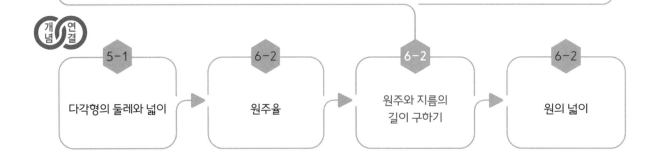

개념 연결

| 5-1 | 6-2 | 6-2 | 6-2 |
|---|---|---|---|
| 다각형의 둘레와 넓이 | 원주율 | 원주와 지름의 길이 구하기 | 원의 넓이 |

## step 2 설명하기

질문 ❶ 지름이 2 m인 원에서 원주를 구해 보세요. (원주율: 3.14)

설명하기 (원주율)＝(원주)÷(지름)이므로
(원주)＝(지름)×(원주율)입니다.
따라서 지름이 2 m인 원의 원주는
2×3.14＝6.28(m)입니다.

질문 ❷ 원주가 147 cm인 기둥의 지름의 길이를 구해 보세요. (원주율: 3)

설명하기 (원주율)＝(원주)÷(지름)이므로
(지름)＝(원주)÷(원주율)입니다.
따라서 원주가 147 cm인 기둥의 지름의 길이는
147÷3＝49(cm)입니다.

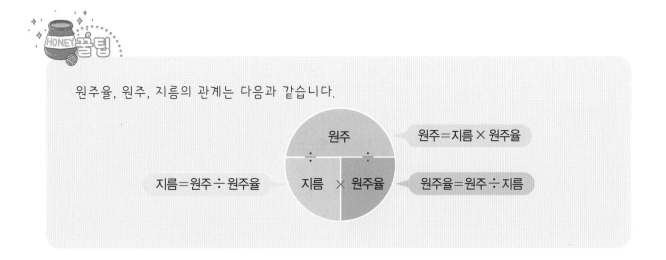

원주율, 원주, 지름의 관계는 다음과 같습니다.

원주

원주＝지름 × 원주율

지름＝원주÷원주율

지름 × 원주율

원주율＝원주÷지름

**1** 원주를 구해 보세요.

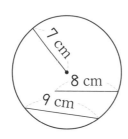

원주율: 3

(              )

**2** ☐ 안에 알맞은 수를 써넣으세요.

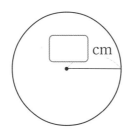

원주: 48 cm
원주율: 3

(반지름)=☐÷☐÷2=☐(cm)

**3** 원주를 구해 보세요.

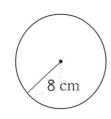

원주율: 3.1

(원주)=8×☐×☐=☐(cm)

**4** 원주가 가장 긴 원을 찾아 기호를 써 보세요. (원주율: 3)

> ㉠ 반지름의 길이가 5 cm인 원
> ㉡ 지름의 길이가 9 cm인 원
> ㉢ 원주가 33 cm인 원
> ㉣ 반지름의 길이가 6 cm인 원

(              )

**5** 원주와 반지름, 지름의 관계를 나타낸 표입니다. 빈칸에 알맞은 수를 써넣으세요.

| 원주(cm) | 반지름(cm) | 지름(cm) | (원주)÷(지름) |
|---|---|---|---|
| 43.96 | | 14 | |

**6** 다음 끈을 사용하여 만들 수 있는 가장 큰 원을 만들었습니다. 만든 원의 지름의 길이는 몇 cm인지 구해 보세요. (원주율: 3.1)

55.8 cm

(        )

step 4 도전 문제

**7** 큰 바퀴의 원주가 74.4 cm이고, 큰 바퀴의 지름의 길이는 작은 바퀴의 지름의 길이의 4배입니다. 작은 바퀴의 반지름의 길이는 몇 cm일까요?

(원주율: 3.1)

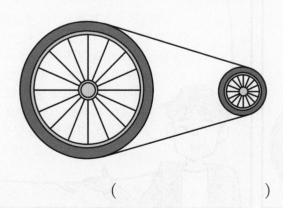

(     )

**8** 작은 원의 원주는 몇 cm일까요?

(원주율: 3.1)

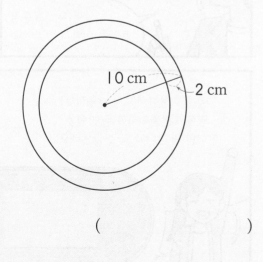

10 cm    2 cm

(        )

# 이어달리기 시합

＊**주자**: 경주하는 사람

**1** 이 글에서 나누는 대화의 내용은 운동회 종목 중 어떤 경기에 대한 것인가요?

(              )

**2** 선생님과 반 친구들이 구하고자 하는 것은 무엇인가요?

(              )

**3** 그림을 보고 물음에 답하세요.

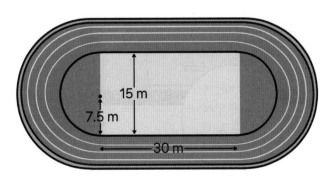

(1) 초록색으로 표시된 두 부분을 붙여 원을 만들면 원의 반지름의 길이는 몇 m일까요?

(              )

(2) 가을이가 라인에서 0.5 m 정도 떨어져서 달린 것으로 생각해야 하므로 반지름을 얼마로 계산해야 할까요?

(              )

(3) 가을이가 달린 거리는 몇 m인지 구해 보세요. (원주율: 3.14)

(              )

**4** 쇼트 트랙 경기장을 나타낸 그림입니다. 가을이가 운동장 트랙을 한 바퀴 달린 것처럼 쇼트 트랙 선수들이 이 경기장을 한 바퀴를 달렸다면, 선수들이 달린 거리는 몇 m일까요? (단, 선수들은 가을이처럼 라인에서 0.5 m 떨어져 달렸고, 원주율은 3.14로 계산합니다.)

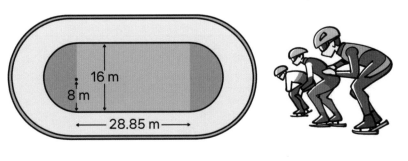

(              )

## step 1  30초 개념

• 원을 한없이 잘게 잘라 엇갈리게 이어 붙이면 직사각형에 가까워지는 도형을 이용하여 원의 넓이를 구합니다.

$$(원의 넓이) = (원주) \times \frac{1}{2} \times (반지름) = (원주율) \times (지름) \times \frac{1}{2} \times (반지름)$$

$$= (원주율) \times (반지름) \times (반지름)$$  $(지름) \times \frac{1}{2} = (지름의 절반)$ 이므로 반지름과 같아요.

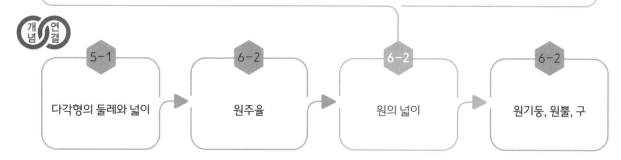

step **2**  설명하기

질문 ❶  직사각형 모양의 종이를 잘라 만들 수 있는 가장 큰 원의 넓이를 구해 보세요.

(원주율: 3.14)

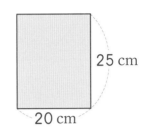

25 cm

20 cm

설명하기  직사각형의 가로가 20 cm, 세로가 25 cm이므로 만들 수 있는 가장 큰 원의 지름의 길이는 20 cm입니다.

지름의 길이가 20 cm인 원의 반지름의 길이는 10 cm이므로 원의 넓이는

$10 \times 10 \times 3.14 = 314(cm^2)$입니다.

질문 ❷  공원의 분수대를 위에서 본 모습입니다. 분수대 둘레에 있는 흰색 꽃밭과 노란색 꽃밭 중 어느 꽃밭의 넓이가 얼마나 더 넓은지 구해 보세요. (원주율: 3)

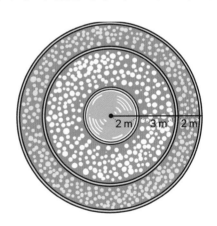

2 m  3 m  2 m

설명하기  반지름의 길이가 2 m, 5 m, 7 m인 원의 넓이는 각각

$2 \times 2 \times 3 = 12(m^2)$, $5 \times 5 \times 3 = 75(m^2)$, $7 \times 7 \times 3 = 147(m^2)$

이므로

흰색 꽃밭의 넓이: $75 - 12 = 63(m^2)$,

노란색 꽃밭의 넓이: $147 - 75 = 72(m^2)$입니다.

따라서 노란색 꽃밭의 넓이가 $9 m^2$만큼 더 넓습니다.

**1** 그림을 보고 원의 넓이를 어림하려고 합니다. 물음에 답하세요.

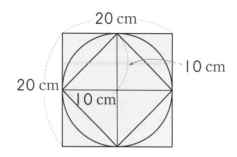

(1) 한 변의 길이가 **20** cm인 정사각형의 넓이를 구해 보세요.

(            )

(2) 두 대각선의 길이가 각각 **20** cm인 마름모의 넓이를 구해 보세요.

(            )

(3) 원의 넓이를 어림해 보세요.

(            )

**2** 원을 잘게 자르고 이어 붙여서 다음과 같은 도형을 만들었습니다. ☐ 안에 알맞은 수를 써 넣으세요. (원주율: 3.1)

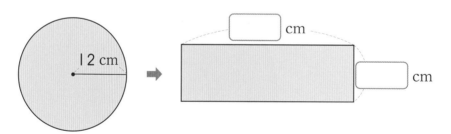

**3** 원의 넓이를 구해 보세요. (원주율: 3.1)

(            )

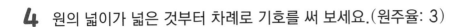

**4** 원의 넓이가 넓은 것부터 차례로 기호를 써 보세요. (원주율: 3)

> ㉠ 반지름의 길이가 8 cm인 원
> ㉡ 넓이가 243 cm²인 원
> ㉢ 원주가 42 cm인 원

(             )

**5** 봄이는 길이가 8 cm인 실을 이용하여 그릴 수 있는 가장 큰 원을 그렸습니다. 봄이가 그린 원의 넓이를 구해 보세요. (원주율: 3)

(             )

**step 4 도전 문제**

**6** 색칠한 부분의 넓이를 구해 보세요.
(원주율: 3.14)

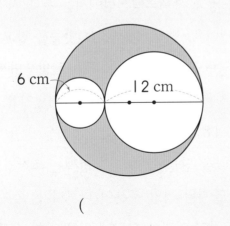

6 cm    12 cm

(           )

**7** 정사각형 모양 창고의 한 꼭짓점에 염소 한 마리를 길이가 8 m인 줄로 묶어 놓았습니다. 이 염소가 풀을 뜯어 먹을 수 있는 땅의 넓이를 구해 보세요. (단, 원주율은 3.14이고, 염소를 묶은 매듭의 길이는 생각하지 않습니다.)

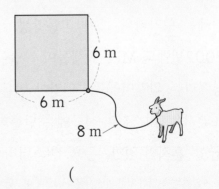

6 m
6 m
8 m

(           )

# 외계인의 장난? 미스터리 서클

　미스터리 서클에 대해 들어 본 적이 있나요? 미스터리 서클이란 들판 한가운데의 농작물이 원형인 형태 또는 기하학적인 모양으로 눌려 있는 모습을 말해요. 처음 발생 후 꽤 많은 시간이 흘렀지만 아직까지 그 이유가 명확하게 드러나지 않았어요.

　미스터리 서클의 기원은 1678년 영국에서 일어난 '풀 베는 악마 사건(The Mowing-Devil)'이라고 볼 수 있어요. 하트퍼드셔 지방의 밭에서 어느 날 밤 갑자기 불빛이 번쩍 일어났는데, 다음 날 아침에 나가 보니 논에 심어 둔 귀리가 3분의 1이나 털려 있었던 것이에요. 농부는 '이건 악마의 소행이 분명하다!'라고 생각해서 이 사건의 내용을 1678년 8월 22일에 목판 인쇄로 만들어 뿌렸어요.

　미스터리 서클에 대해서는 크게 두 가지 설이 있어요. 첫 번째는 인위적으로 만들어진 것이라는 의견이에요. 이를 증명하기 위해 1991년 영국 사우스햄프턴에서는 두 남자가 밧줄, 판자 같은 간단한 도구만 가지고 서클을 만들어 냈어요. 밭의 양 끝에서 밧줄을 잡고 그대로 옆으로 당겨서 농작물의 가지를 꺾고, 밧줄이 매달린 판자를 발로 지근지근 밟으면서 그 밑에 있는 농작물들을 납작하게 만들자 15분 만에 지름 12 m짜리 서클이 생겨났지요. 1992년에는 헝가리의 17세 고등학생 두 명이 반지름 18 m짜리 미스터리 서클을 만들어 냈고, 2002년에도 MIT 학생들이 간단한 미스터리 서클을 만들었어요. 두 번째는 초자연적인 현상이라는 의견이에요. "인간이 만든 것과는 작물 줄기의 꺾인 부분이 다르다"는 것이 그 이유였지요. 미스터리 서클에는 단순히 도구로 눕힌 것이 아니라 하단에 열을 가해 순간적으로 '굽힌' 흔적이 있었거든요. 미스터리 서클의 비밀은 언제쯤 밝혀질까요?

　＊**인위적**: 자연의 힘이 아닌 사람의 힘으로 이루어지는 것
　＊**초자연적**: 자연을 초월한 그 어떤 존재나 힘에 의한 것

**1** 미스터리 서클에 대한 설명으로 맞는 것에 ○표, 틀린 것에 ✕표 해 보세요.

(1) 미스터리 서클이란 들판 한가운데의 농작물이 사각형 또는 기하학적 모양으로 눌려 있는 모습을 말한다. ( )

(2) 미스터리 서클의 기원은 1678년 영국에서 일어난 '풀 베는 악마 사건'이라고 볼 수 있다. ( )

(3) 미스터리 서클에 대해서는 세 가지 설이 있다. ( )

**2** 미스터리 서클이 초자연적인 현상이라고 믿는 이유는 무엇인가요?

(이유) _____

**3** 이 글의 일부분입니다. 물음에 답하세요.

> 밧줄이 매달린 판자를 발로 지근지근 밟으면서 그 밑에 있는 농작물들을 납작하게 만들자 15분 만에 ㉠지름 12 m짜리 서클이 생겨났지요. 1992년에는 헝가리의 17세 고등학생 두 명이 ㉡반지름 18 m짜리 미스터리 서클을 만들어 냈고, 2002년에도 MIT 학생들이 간단한 미스터리 서클을 만들었어요.

(1) ㉠의 넓이를 구해 보세요. (원주율: 3.14)

( )

(2) ㉡의 넓이를 구해 보세요. (원주율: 3.14)

( )

**4** 오른쪽 그림의 미스터리 서클에서 큰 원의 반지름의 실제 길이가 20 m이고, 작은 원의 반지름의 실제 길이가 10 m일 때, 농작물이 눌린 부분의 넓이를 구해 보세요.
(원주율: 3.14)

( )

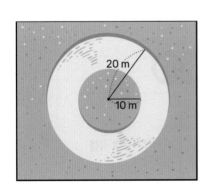

원기둥

# 18
원기둥, 원뿔, 구

우리 조상님들의 발명품 중에 세계 최초로 비의 양을 잰 측우기가 있어요.

심각기둥이나 사각기둥을 쓰지 않는 이유가 있을 텐데.

원기둥인 이유는 빗물이 떨어질 때 모서리가 없어서 빗물이 밖으로 튀지 않기 때문이야.

측우기는 왜 원기둥이지?

## step 1  30초 개념

 등과 같은 입체도형을 원기둥이라고 합니다.

원기둥에서 서로 평행하고 합동인 두 면을 밑면이라 하고, 두 밑면과 만나는 면을 옆면이라고 합니다. 이때 원기둥의 옆면은 굽은 면입니다. 또, 두 밑면에 수직인 선분의 길이를 높이라고 합니다.

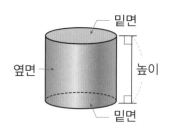

밑면
옆면
높이
밑면

높이

[높이 재는 방법]

개념 연결

| 6-1 | 6-2 | 6-2 | 6-2 |
|---|---|---|---|
| 각기둥과 각뿔 | 원의 넓이 | 원기둥 | 원기둥의 전개도 |

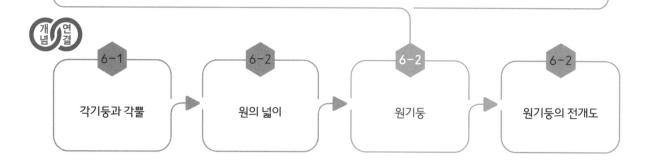

**step 2   설명하기**

질문 ❶  원기둥이 <u>아닌</u> 것을 모두 찾고, 그 이유를 설명해 보세요.

가        나        다

설명하기  원기둥이 아닌 것은 나입니다.
나는 윗면과 아랫면이 합동이 아니기 때문입니다.

질문 ❷  원기둥과 삼각기둥을 보고 공통점과 차이점을 설명해 보세요.

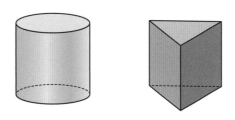

설명하기  ( 공통점 )
• 모두 밑면이 2개입니다.
• 옆에서 본 모양은 모두 직사각형입니다.
( 차이점 )
• 원기둥의 밑면은 원이고, 삼각기둥의 밑면은 삼각형입니다.
• 원기둥에는 굽은 면이 있지만 삼각기둥에는 굽은 면이 없습니다.
• 원기둥에는 꼭짓점이 없지만 삼각기둥에는 꼭짓점이 있습니다.

**1** 직사각형을 다음과 같이 한 바퀴 돌리면 만들어지는 입체도형을 그려 보세요.

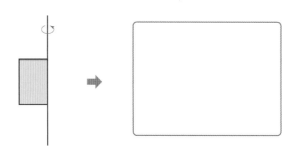

**2** 그림을 보고 ☐ 안에 알맞은 말을 써넣으세요.

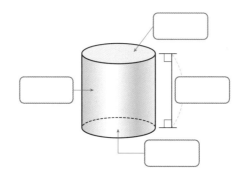

**3** 원기둥을 모두 찾아보세요. (                    )

  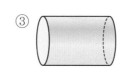  

**4** 원기둥에 대해 바르게 설명한 것을 모두 찾아 기호를 써 보세요.

> ㉠ 원기둥의 두 밑면은 합동입니다.
> ㉡ 원기둥에서 옆을 둘러싼 굽은 면이 옆면입니다.
> ㉢ 원기둥에서 두 밑면에 평행한 선분의 길이를 높이라고 합니다.
> ㉣ 원기둥의 두 밑면은 서로 수직입니다.

(                    )

[5～6] 입체도형을 보고 물음에 답하세요.

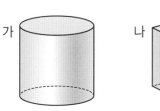 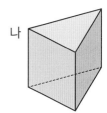

가    나

**5** 가와 나의 밑면의 개수를 각각 써 보세요.

가 (                    )
나 (                    )

**6** 가와 나의 밑면은 어떤 도형인지 이름을 써 보세요.

가 (                    )
나 (                    )

step **4** 도전 문제

**7** 주어진 입체도형이 원기둥이 <u>아닌</u> 이유를 써 보세요.

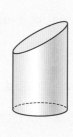

이유

**8** 원기둥과 각기둥의 차이점을 2가지 써 보세요.

차이점

# 우리의 문화유산 측우기

1440년(세종 22년) 전후에 발명된 측우기는 20세기 초 일제 통감부*에 의해 근대적 기상 관측이 시작될 때까지 조선 왕조의 공식적인 우량(비의 양) 측정 기구로 사용되었다. 측우기의 금속으로 된 원통형 그릇에 빗물을 받은 다음, 표준화된 눈금의 자로 그 깊이를 측정함으로써 비의 양을 알아냈으며, 같은 규격의 기구와 자를 서울의 천문 관서*와 지방의 관아*에 설치해서 전국적으로 우량을 관측하고 보고하는 체계를 갖추었다.

▲ 대구 선화당 측우대

▲ 금영 측우기
(출처: 공공누리)

측우기 중에서도 '금영 측우기'는 현재 남아 있는 유일한 조선 시대 측우기이다. 조선 24대 왕 헌종 때 제작되어 충청 감영(지금의 공주)에 설치되었다가 일제 강점기에 일본으로 무단 반출되었고, 1971년 우리나라 기상청에 반환되어 보물 561호로 지정되었다. 이 측우기는 청동으로 만들어진 상중하 3개의 단을 원통형으로 끼우는 형태인데, 그 크기나 무게 등이 『세종실록』에 기록된 것과 일치한다. 이로써 세종 때 만들어진 측우기 제도가 조선 후기까지 유지된 것으로 볼 수 있다.

측우기는 흔히 장영실이 만든 것으로 알려져 있는데, 『세종실록』을 보면 "세자가 가뭄을 근심하여 구리로 만든 원통형 기구를 설치하고, 여기에 고일 빗물의 높이를 조사했다"는 기록이 있다. 그래서 조선의 5대 왕 문종이 고안한 것이라는 설도 있다. 또한 첫 강수 관측 기록이 이탈리아 1639년, 프랑스 1658년, 영국 1677년인 데 대해 우리나라는 그보다 약 200년 전이므로 조선의 기상 과학이 유럽보다 빠르게 시작되었다는 것을 알 수 있다.

＊**통감부**: 1906년 일본 제국주의가 대한 제국 황실의 안녕과 평화를 유지한다는 명분으로 서울에 설치한 통치 기구
＊**천문 관서**: 천문에 관한 관청과 그 부속 기관을 통틀어 이르는 말
＊**관아**: 벼슬아치들이 모여 나랏일을 처리하던 곳.

**1** 측우기에 대한 설명으로 맞는 것을 모두 고르세요. (          )

① 측우기는 세종 때 발명된 것으로 조선 시대에 비의 양을 측정하는 공식적인 측정 기구였다.

② 모든 측우기는 장영실이 만든 것이다.

③ '금영 측우기'는 현재 남아 있는 유일한 조선 시대 측우기이다.

④ 비의 양을 측정한 것은 서양보다 우리나라가 100년이나 앞섰다.

⑤ 측우기의 윗부분은 청동으로 만들어진 3개의 단을 원통형으로 끼우는 형태로 되어 있다.

**2** 측우기로 강우량을 측정하는 모습을 보고 바르게 측정한 것을 찾아 기호를 써 보세요.

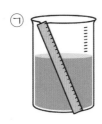 ㉠
 ㉡
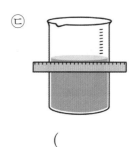 ㉢

(          )

**3** 오른쪽 측우대와 측우기에서 찾을 수 있는 입체도형을 모두 써 보세요.

(          )

**4** 여러 가지 문화유산 중 측우기 윗부분의 모양과 같은 것을 모두 찾아 기호를 써 보세요.

 ㉠

칠기

 ㉡

자

 ㉢

지자총통

㉣

청옥 필통

 ㉤

피사의 사탑

 ㉥

피라미드

(          )

# 19
## 원기둥, 원뿔, 구

---

## step 1 · 30초 개념

• 원기둥을 잘라서 펼쳐 놓은 그림을 원기둥의 전개도라고 합니다.

밑면

옆면

밑면

잘라서 펼쳐요.

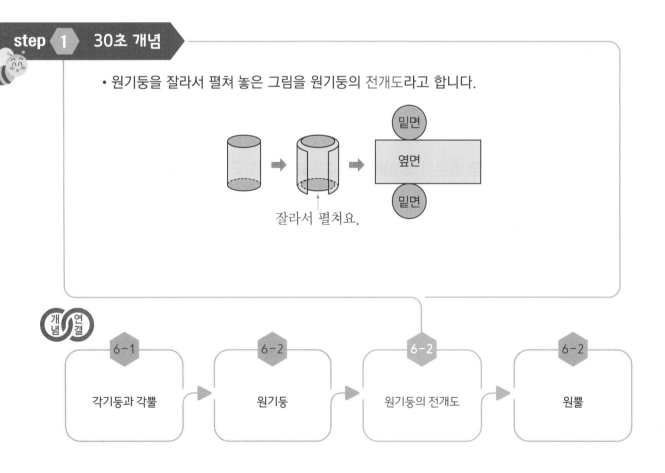

| 6-1 | 6-2 | 6-2 | 6-2 |
|---|---|---|---|
| 각기둥과 각뿔 | 원기둥 | 원기둥의 전개도 | 원뿔 |

step 2 설명하기

질문 ❶ 원기둥을 만들 수 없는 전개도를 찾고 그 이유를 설명해 보세요.

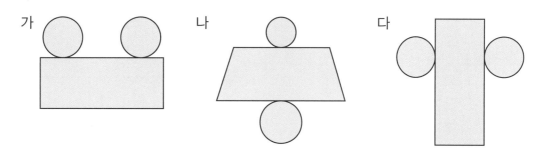

설명하기 원기둥을 만들 수 없는 전개도는 가와 나입니다.

가는 두 원이 합동이지만 서로 겹쳐지는 위치에 있으므로 원기둥을 만들 수 없습니다.

나는 두 원이 합동이 아니고 옆면이 직사각형이 아니므로 원기둥을 만들 수 없습니다.

질문 ❷ 원기둥의 전개도에서 ㉠, ㉡, ㉢의 길이를 각각 구해 보세요. (원주율: 3.14)

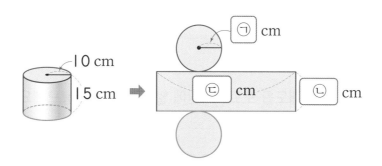

설명하기 밑면의 반지름의 길이는 10 cm이므로 ㉠은 10입니다.

옆면의 세로의 길이는 원기둥의 높이인 15 cm이므로 ㉡은 15입니다.

옆면의 가로의 길이는 밑면의 둘레이므로 20×3.14=62.8(cm)입니다.

따라서 ㉢은 62.8입니다.

**1** 다음 원기둥의 전개도로 원기둥을 만들 때, 밑면이 되는 면의 기호를 찾아 써 보세요.

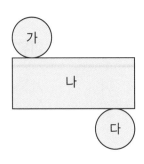

(            )

[2~3] 원기둥과 원기둥의 전개도를 보고 물음에 답하세요.

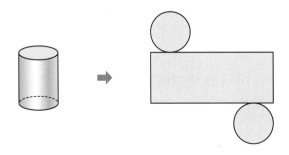

**2** 원기둥의 전개도에서 옆면과 밑면의 모양을 써 보세요.

옆면 (         )

밑면 (         )

**3** 원기둥에서 밑면의 둘레의 길이와 길이가 같은 것을 원기둥의 전개도에서 찾아 써 보세요.

(            )

**4** 원기둥과 원기둥의 전개도를 보고 ☐ 안에 알맞은 말을 써넣으세요.

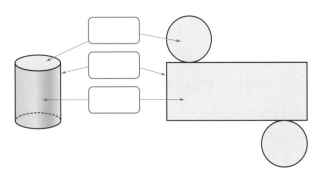

**5** 주어진 원기둥의 전개도에서 원기둥의 밑면의 지름은 몇 cm인가요? (원주율: 3)

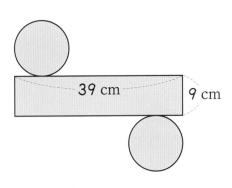

(             )

step ④ 도전 문제

**6** 주어진 원기둥의 전개도로 원기둥을 만들 수 <u>없는</u> 이유를 써 보세요.

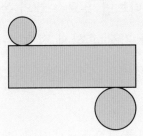

> 이유

**7** 주어진 원기둥의 전개도에서 직사각형의 둘레의 길이를 구해 보세요. (원주율: 3.14)

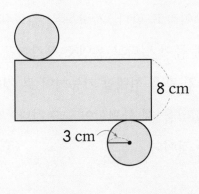

(             )

# 음료수 캔의 비밀

음료수 캔이 원기둥 모양인 이유는 각기둥과 원기둥의 부피가 같을 때 겉넓이의 크기를 비교하면 원기둥의 겉넓이가 작기 때문이다. 즉, 같은 용량의 음료를 담는 데 적은 재료로 용기를 만들 수 있기 때문에 원기둥 모양으로 음료수 캔을 만드는 것이다. 또한 각기둥에 비해 원기둥이 손으로 잡기도 좋다.

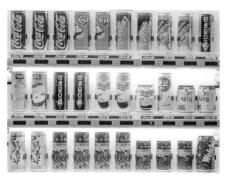

◀ **다양한 제품의 음료수 캔**

마트와 편의점의 진열장을 들여다보면 음료수 캔의 높이가 대부분 똑같다는 것을 알 수 있다. 높이 12 cm, 지름 6.5 cm가 가장 흔하게 접할 수 있는 캔 모양이다. 물론 이보다 높이가 낮고 둘레가 긴 음료수 캔도 있지만, 전 세계적으로 가장 많은 형태는 높이가 12 cm인 것이라고 한다.

놀라운 것은 음료수 캔의 높이를 12 cm보다 낮게 만들고, 지름을 조금 길게 만든다면 포장재 사용량을 줄일 수 있다는 사실이다. 예를 들어 높이를 7.8 cm로 줄이고 지름을 7.6 cm로 늘이면, 원래 캔과 같은 양의 내용물을 담으면서도 포장재의 양을 30 %나 줄일 수 있다. 이렇게 하면 생산비를 줄일 수 있고, 음료수 캔의 비용도 저렴해질 텐데 계속 지금과 같은 사이즈로 만들어지는 이유는 무엇일까?

그것은 바로 착시 효과 때문이라고 한다. 사람들은 음료수 캔의 모양이 낮고 뚱뚱해서 덜 길어 보이면 음료수가 더 적게 들어 있다고 은연중*생각하게 된다. 캔의 높이에 따라 음료의 양이 달라 보여서 상대적으로 긴 캔을 선택할 가능성이 큰 것이다.

또 원의 지름이 너무 길면 잡았을 때 불편함이 느껴진다. 그래서 음료 업체들이 적당히 가는 모양으로 캔을 만들고 있는 것이다.

＊**은연중**: 남이 모르는 가운데

**1** 음료수 캔의 모양이 원기둥인 이유로 가장 타당한 것은? (          )

① 다른 각기둥에 비해 모양이 예뻐서
② 같은 부피에 겉넓이가 작아서 재료비가 적게 들기 때문에
③ 손으로 잡기에 좋기 때문에
④ 공장에서 만들어 내기가 편하기 때문에
⑤ 그런 모양으로 만들기로 한 국제적 약속 때문에

**2** 음료수 캔의 높이가 12 cm인 이유를 써 보세요.

이유

[**3~5**] 가장 흔하게 접할 수 있는 음료수 캔 모양의 전개도입니다. 물음에 답하세요.

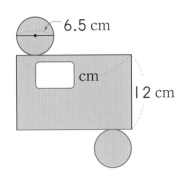

6.5 cm

cm

12 cm

**3** □ 안에 들어갈 알맞은 수를 구해 보세요. (원주율: 3)

(                    )

**4** 전개도에서 한 밑면의 넓이를 구해 보세요. (원주율: 3)

(                    )

**5** 전개도에서 옆면의 넓이를 구해 보세요.

(                    )

난 밑면이 삼각형인 삼각뿔이야.

난 밑면이 사각형인 사각뿔.

난 밑면이 오각형인 오각뿔이야.

안녕. 난 밑면이 원이야.

원뿔 너는 모서리가 없네?

## step 1  30초 개념

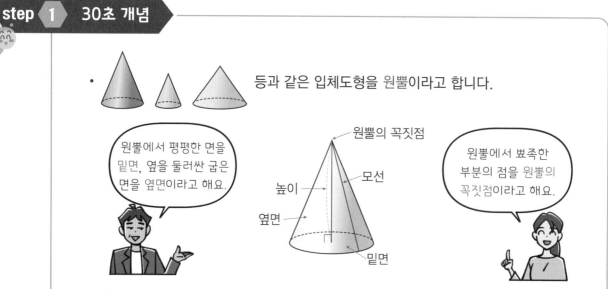

등과 같은 입체도형을 원뿔이라고 합니다.

원뿔에서 평평한 면을 밑면, 옆을 둘러싼 굽은 면을 옆면이라고 해요.

원뿔의 꼭짓점

높이

모선

옆면

밑면

원뿔에서 뾰족한 부분의 점을 원뿔의 꼭짓점이라고 해요.

원뿔에서 원뿔의 꼭짓점과 밑면인 원의 둘레의 한 점을 이은 선분을 모선이라고 합니다. 원뿔의 꼭짓점에서 밑면에 수직인 선분의 길이를 높이라고 합니다.

개념 연결

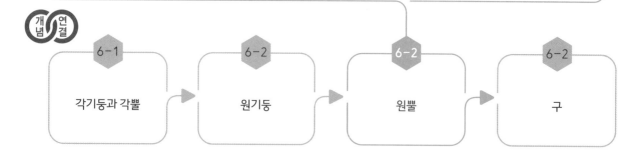

6-1
각기둥과 각뿔

6-2
원기둥

6-2
원뿔

6-2
구

**step 2 설명하기**

**질문 ❶** 원기둥과 원뿔을 보고 공통점과 차이점을 설명해 보세요.

**설명하기** 〔공통점〕
- 밑면의 모양이 모두 원입니다.
- 위에서 본 모양은 둘 다 원입니다.

〔차이점〕
- 원기둥은 밑면이 2개이지만 원뿔은 밑면이 1개입니다.
- 원뿔은 꼭짓점이 있지만 원기둥에는 없습니다.
- 옆에서 본 모양은 원기둥은 직사각형이고 원뿔은 이등변삼각형입니다.

**질문 ❷** 직각삼각형 모양의 종이를 한 변을 기준으로 돌렸을 때 만들어지는 입체도형에서 밑면의 지름의 길이와 높이를 구해 보세요.

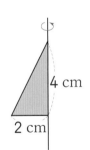

4 cm

2 cm

**설명하기** 위 그림의 직각삼각형 모양의 종이를 한 변을 기준으로 돌렸을 때 만들어지는 입체도형은 원뿔입니다.
원뿔의 밑면의 지름의 길이는 직각삼각형의 밑변의 길이의 2배이므로 4 cm입니다.
원뿔의 높이는 직각삼각형의 높이와 같으므로 4 cm입니다.

**1** 원뿔의 어느 부분을 재는 방법인가요?

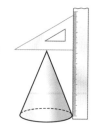

(            )

**2** 직각삼각형 모양의 종이를 한 변을 기준으로 돌렸을 때 만들어지는 입체도형의 이름을 써 보세요.

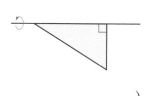

(            )

**3** 원뿔을 보고 물음에 답하세요.

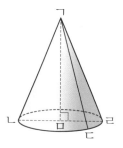

(1) 밑면의 반지름인 선분을 모두 찾아 써 보세요.

(            )

(2) 모선인 선분을 모두 찾아 써 보세요.

(            )

**4** 어떤 입체도형을 위, 앞, 옆에서 본 것입니다. 이 도형의 이름을 써 보세요.

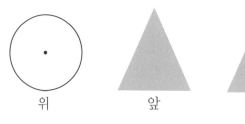

위          앞          옆

(            )

**5** 도형을 보고 물음에 답하세요.

ⓐ 　ⓑ 　ⓒ 　ⓓ 　ⓔ

(1) 원뿔과 원기둥으로 분류하여 알맞게 기호를 써 보세요.

　　　　원뿔 (　　　　　　　　　　), 원기둥 (　　　　　　　　　)

(2) 원뿔과 원기둥의 공통점을 1가지 써 보세요.

공통점 _____

step 4 도전 문제

**6** 두 입체도형의 높이의 차를 구해 보세요.

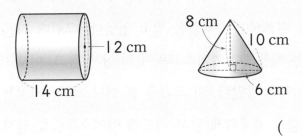

(　　　　　　　　　)

**7** 원뿔에 대한 설명으로 <u>틀린</u> 것을 찾아 기호를 써 보세요.

> ㉠ 원뿔에서 원뿔의 꼭짓점과 밑면인 원의 둘레의 한 점을 이은 선분을 모선이라고 합니다.
> ㉡ 원뿔에서 옆면은 굽은 면입니다.
> ㉢ 원뿔의 꼭짓점에서 밑면에 수직인 선분의 길이를 높이라고 합니다.
> ㉣ 원뿔의 밑면은 2개입니다.

(　　　　　　　　　)

# 콘 아이스크림의 시작

여름이면 더욱더 인기 있는 아이스크림. 아이스크림(ice cream)이라는 이름은 영어 단어 'iced cream'과 'cream ice'에서 유래했는데, 아이스크림이 언제, 어떻게 생겨났는지는 알려진 것이 없다. 다만 고대 로마 시대에도 만년설\*에 꿀과 과일 등을 섞어 아이스크림과 비슷한 형태로 만들어 먹었다는 기록이 남아 있다고 한다. 이와 다르게 콘 아이스크림은 그 기원이 명확하다.

▲ 다양한 맛의 콘 아이스크림

1904년, 미국의 세인트루이스 세계 박람회장에서 어니스트 해뮈라는 사람이 종이처럼 얇은 페르시아식 와플을 팔고 있었다. 그런데 더운 날씨 때문에 박람회장에서는 와플보다 아이스크림이 더 잘 팔렸고, 이내 아이스크림 담는 접시가 떨어지고 말았다. 이 모습을 본 어니스트는 기지\*를 발휘했다. 자기가 파는 와플을 뾰족하게 말고 거기에 아이스크림을 담자고 제안한 것이다. 이렇게 와플에 담은 아이스크림이 박람회장에서 큰 인기를 얻어 오늘날까지 사랑받게 된 것이다.

\* **만년설**: 기온이 낮은 높은 산과 고위도 지방에서 볼 수 있는 것으로 강설량이 녹는 양보다 많아서 1년 내내 남아 있는 눈
\* **기지**: 특별하고 뛰어난 지혜

**1** 글을 읽고 ☐ 안에 알맞은 말을 써넣으세요.

콘 아이스크림은 ☐☐☐☐년, ☐☐☐☐☐☐ ☐☐라는 사람에 의해 만들어졌다.

**2** '발명'은 전에 없던 새로운 기계, 물건, 작업 과정 따위를 창조하는 일이고, '발견'은 찾지 못하거나 알려지지 않은 사물, 사실, 현상을 찾아내는 일이라고 합니다. 콘 아이스크림은 발명인지 발견인지 쓰고 그 이유를 써 보세요.

(                )

> 이유

**3** 콘 아이스크림과 고깔모자의 공통점을 써 보세요.

> 공통점 _____

**4** 콘 아이스크림에서 와플 부분으로 만들어진 입체도형의 이름을 써 보세요.

(              )

**5** 콘 아이스크림을 문제 **4**와 같은 모양이 아니라 밑면이 같은 원기둥 모양에 담으면 어떻게 될지 예상해 보세요.

> 예상 _____

## step 1 30초 개념

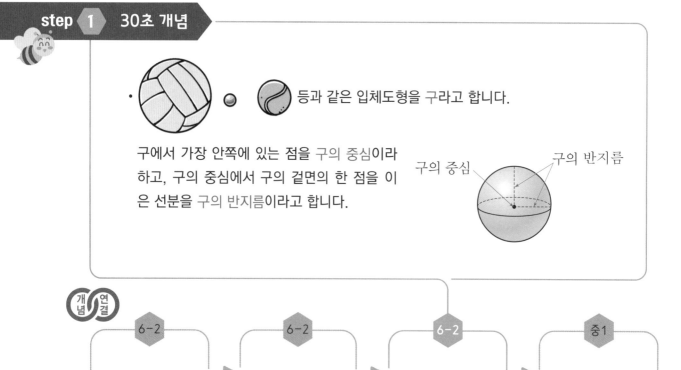

·  등과 같은 입체도형을 구라고 합니다.

구에서 가장 안쪽에 있는 점을 구의 중심이라 하고, 구의 중심에서 구의 겉면의 한 점을 이은 선분을 구의 반지름이라고 합니다.

구의 중심    구의 반지름

| 6-2 | 6-2 | 6-2 | 중1 |
|---|---|---|---|
| 원기둥 | 원뿔 | 구 | 입체도형의 성질 |

**step 2** 설명하기

질문 ❶ 　 원기둥, 원뿔, 구를 보고 공통점과 차이점을 설명해 보세요.

설명하기 〉 （공통점）

- 모두 굽은 면으로 둘러싸여 있습니다.
- 위에서 본 모양은 모두 원입니다.

（차이점）

- 원기둥과 원뿔은 밑면의 모양이 원인데 구는 밑면이 없습니다.
- 원뿔은 뾰족한 부분이 있는데 원기둥과 구는 없습니다.
- 앞과 옆에서 본 모양은 원기둥은 직사각형, 원뿔은 이등변삼각형, 구는 원입니다.

질문 ❷ 　 반원 모양의 종이를 지름을 기준으로 돌렸을 때 만들어지는 입체도형을 그려 보세요.

설명하기 〉 지름을 기준으로 반원 모양의 종이를 한 바퀴 돌리면 구가 만들어집니다.

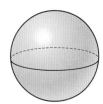

**1** 알맞은 말에 ◯표 해 보세요.

(1) 원뿔은 뾰족한 부분이 ( 있지만 , 없지만 ) 구는 뾰족한 부분이 ( 있습니다 , 없습니다 ).

(2) 밑면이 원기둥에는 ( 1개 , 2개 ), 원뿔에는 ( 1개 , 2개 ) 있습니다.

(3) 구는 어느 방향에서 보아도 모양이 ( 같습니다 , 다릅니다 ).

**2** 구에서 각 부분의 이름을 ☐ 안에 알맞게 써넣으세요.

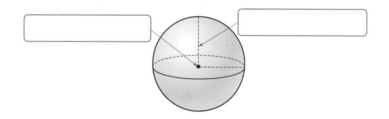

**3** 구의 반지름의 길이는 몇 cm인가요?

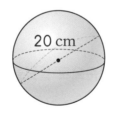

20 cm

(                    )

**4** 구의 지름의 길이는 몇 cm인가요?

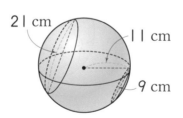

21 cm    11 cm    9 cm

(                    )

**5** 반원 모양의 종이를 지름을 기준으로 돌렸을 때 만들어지는 구의 중심을 반원 모양에 표시하고, 만들어진 구의 지름은 몇 cm인지 구해 보세요.

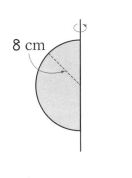

8 cm

(                    )

**6** 구를 위에서 보았을 때 둘레는 몇 cm인지 구해 보세요. (원주율: 3)

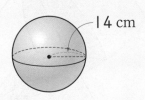

14 cm

(                    )

**7** 반지름의 길이가 11 cm인 반원을 한 바퀴 돌려 얻은 구 3개로 다음과 같은 입체도형을 만들었습니다. 구 3개의 중심을 이어 그린 삼각형의 둘레는 몇 cm인가요?

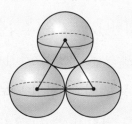

(                    )

# 천체가 모두 둥근 이유는 무엇일까?

우리는 별을 ☆과 같이 그린다. 하지만 실제 별은 둥근 공 모양이다. 지구와 같은 행성도 둥근 공 모양이다. 왜 천체는 모두 공 모양일까?

해왕성 천왕성  토성  목성  화성  지구 금성 수성

　태양과 지구 등 천체가 둥근 이유는 바로 항성의 중심에서 끌어당기는 중력 때문이다. 중력은 천체의 중심에서 모든 방향으로 작용하기 때문에 천체는 구 모양이 될 수밖에 없다. 가령 태양 같은 별은 유체* 상태이다. 즉, 고체가 아니기 때문에 중심에서 끌어당기는 중력과 자전할 때의 원심력*이 균형을 이루면서 공 모양이 된다.

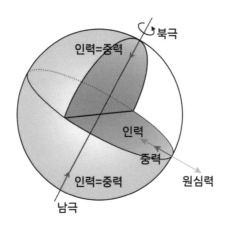

　그런데 지구와 같은 행성은 고체인데 왜 공 모양일까? 그 이유는 지구와 같은 행성도 처음 만들어질 때는 유체 상태이기 때문이다. 태양계에서 행성과 위성(달)은 작은 천체 조각들이 서로 부딪히고 점점 커지면서 형성된다. 뜨거운 조각들이 부딪히면 열이 발생하고, 그 열로 액체 상태가 되면서 커지는데, 이때 둥근 모양을 가지게 되고, 식으면서 굳기 때문에 행성이나 위성도 모두 둥근 공 모양이 되는 것이다. 반면 달보다 작은 소행성들은 울퉁불퉁 그 모양이 제각각이다. 이들은 유체 상태를 거치치 않고, 크기가 작은 만큼 중력 역시 적게 받기 때문에 처음 생긴 울퉁불퉁한 암석 모양 그대로인 것이다.

＊**유체**: 액체와 기체를 합쳐 부르는 용어
＊**원심력**: 원운동을 하는 물체가 중심 밖으로 나아가려는 힘

**1** 이 글에서 천체가 둥근 이유가 무엇인지 찾아 ☐ 안에 알맞은 말을 써넣으세요.

천체가 둥근 이유는 항성의 중심에서 끌어당기는 ☐☐과 자전할 때의 ☐☐☐이 균형을 이루면 공 모양이 되기 때문이다.

**[2~3]** 행성들을 보고, 물음에 답하세요.

**2** 행성들은 입체도형 중 어떤 모양을 하고 있는지 이름을 써 보세요.

(                )

**3** 태양을 제외하고 반지름의 길이가 가장 큰 행성을 찾아 이름을 써 보세요.

(                )

**4** 태양계 행성들의 반지름의 길이입니다. 지구와 그 크기가 가장 비슷한 행성을 찾아 이름을 써 보세요.

| 명칭 | 크기(반지름) | 명칭 | 크기(반지름) |
|---|---|---|---|
| 태양 | 695,000 km | 목성 | 71,492 km |
| 수성 | 2,439 km | 토성 | 60,268 km |
| 금성 | 6,052 km | 천왕성 | 25,559 km |
| 지구 | 6,378 km | 해왕성 | 24,764 km |
| 화성 | 3,390 km | | |

(                )

## 01 분모가 같은 (분수)÷(분수)

step 3 개념 연결 문제 ······ 012~013쪽

**1** 4, 4
**2** 8, 2, 4
**3** (1) 2 (2) 3 (3) 5 (4) 4
**4** $4\frac{1}{2}$
**5** (1) $2\frac{1}{7}$ (2) $1\frac{8}{13}$
**6** >

step 4 도전 문제 ······ 013쪽

**7** (식) $\frac{20}{23} \div \frac{7}{23} = 2\frac{6}{7}$ (답) $2\frac{6}{7}$
**8** 1, 2, 3, 4, 5, 6, 7

**5** (1) $\frac{15}{16} \div \frac{7}{16} = 15 \div 7 = \frac{15}{7} = 2\frac{1}{7}$

(2) $\frac{21}{23} \div \frac{13}{23} = 21 \div 13 = \frac{21}{13} = 1\frac{8}{13}$

**6** $\frac{10}{11} \div \frac{5}{11} = 10 \div 5 = 2$이고,

$\frac{13}{11} \div \frac{8}{11} = 13 \div 8 = 1\frac{5}{8}$이므로 2가 더 큽니다.

**7** 계산 결과가 가장 크려면 가장 큰 수를 가장 작은 수로 나누어야 합니다.

가장 큰 분수는 $\frac{20}{23}$, 가장 작은 분수는 $\frac{7}{23}$

이므로 $\frac{20}{23} \div \frac{7}{23} = 20 \div 7 = \frac{20}{7} = 2\frac{6}{7}$입니다.

**8** $\frac{36}{37} \div \frac{5}{37} = 36 \div 5 = \frac{36}{5} = 7\frac{1}{5}$이므로

$\square < 7\frac{1}{5}$에서 $7\frac{1}{5}$보다 작은 자연수는 1, 2, 3, 4, 5, 6, 7입니다.

step 5 수학 문해력 기르기 ······ 015쪽

**1** 해독 주스
**2** (1) ○ (2) ×
**3** (식) $\frac{3}{4} \div \frac{1}{4} = 3$ (답) 3번
**4** 풀이 참조; 4일
**5** 9일

**3** 레시피에 따르면 양배추가 $\frac{1}{4}$통이 필요합니다.

**4** (예)

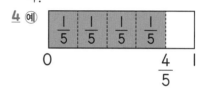

$\frac{4}{5}$ L 주스를 $\frac{1}{5}$ L씩 마시면 4일을 마실 수 있습니다.

**5** $\frac{18}{19} \div \frac{2}{19} = 18 \div 2 = 9$이므로 9일 동안 마실 수 있습니다.

## 02 분모가 다른 (분수)÷(분수)

step 3 개념 연결 문제 ······ 018~019쪽

**1** 2
**2** (앞에서부터) 20, 3, 20, 3, $\frac{20}{3}$, $6\frac{2}{3}$
**3** 풀이 참조
**4** $\frac{11}{12}$, $1\frac{1}{10}$
**5** 20개
**6** ( ) ( ) ( ○ )

step 4 도전 문제 ······ 019쪽

**7** ㉠, ㉡
**8** 17

**1** $\frac{3}{5}$을 $\frac{3}{10}$으로 나누면 2번을 덜어 낼 수 있으므로 몫은 2입니다.

1

**3** (1) $\dfrac{5}{8} \div \dfrac{3}{4} = \dfrac{5}{8} \div \dfrac{6}{8} = 5 \div 6 = \dfrac{5}{6}$

(2) $\dfrac{4}{5} \div \dfrac{7}{8} = \dfrac{32}{40} \div \dfrac{35}{40} = 32 \div 35 = \dfrac{32}{35}$

**4** $\dfrac{11}{30} \div \dfrac{2}{5} = \dfrac{11}{30} \div \dfrac{12}{30} = 11 \div 12 = \dfrac{11}{12}$

$\dfrac{11}{12} \div \dfrac{5}{6} = \dfrac{11}{12} \div \dfrac{10}{12} = 11 \div 10 = \dfrac{11}{10}$

$= 1\dfrac{1}{10}$

**5** $12 \div \dfrac{3}{5} = \dfrac{60}{5} \div \dfrac{3}{5} = 60 \div 3 = 20$이므로

20개의 어항에 나누어 담을 수 있습니다.

**6** $\dfrac{2}{3} \div \dfrac{2}{5} = \dfrac{10}{15} \div \dfrac{6}{15} = 10 \div 6$

$= \dfrac{\overset{5}{\cancel{10}}}{\underset{3}{\cancel{6}}} = \dfrac{5}{3} = 1\dfrac{2}{3}$

$\dfrac{4}{7} \div \dfrac{2}{5} = \dfrac{20}{35} \div \dfrac{14}{35} = 20 \div 14$

$= \dfrac{\overset{10}{\cancel{20}}}{\underset{7}{\cancel{14}}} = \dfrac{10}{7} = 1\dfrac{3}{7}$

$\dfrac{4}{3} \div \dfrac{2}{5} = \dfrac{20}{15} \div \dfrac{6}{15} = 20 \div 6$

$= \dfrac{\overset{10}{\cancel{20}}}{\underset{3}{\cancel{6}}} = \dfrac{10}{3} = 3\dfrac{1}{3}$

이므로 $\dfrac{4}{3} \div \dfrac{2}{5}$의 결과가 가장 큽니다.

**7** ㉠ $10 \div \dfrac{3}{4} = \dfrac{40}{4} \div \dfrac{3}{4} = 40 \div 3 = \dfrac{40}{3}$

$= 13\dfrac{1}{3}$

㉡ $12 \div \dfrac{6}{7} = \dfrac{84}{7} \div \dfrac{6}{7} = 84 \div 6 = \dfrac{84}{6} = 14$

㉢ $12 \div \dfrac{3}{4} = \dfrac{48}{4} \div \dfrac{3}{4} = 48 \div 3 = \dfrac{48}{3} = 16$

이므로 계산 결과가 10보다 크고 15보다 작은 나눗셈식은 ㉠, ㉡입니다.

**8** ㉠을 구하면

㉠ $= \dfrac{5}{6} \div \dfrac{1}{18} = \dfrac{15}{18} \div \dfrac{1}{18} = 15$이고,

㉡을 구하면

㉡ $= \dfrac{7}{11} \div \dfrac{7}{22} = \dfrac{14}{22} \div \dfrac{7}{22} = 14 \div 7 = 2$

입니다.

따라서 ㉠+㉡=15+2=17입니다.

---

step **5** 수학 문해력 기르기     021쪽

**1** ④                  **2** ④

**3** 20일               **4** 8일

**5** 20일

**1** 이 글은 극한의 환경에서도 대원들을 모두 구한 섀클턴의 리더십에 대해 이야기하고 있습니다.

**2** ④ 섀클턴은 남극 대륙 횡단에 실패했습니다.

**3** $17\dfrac{1}{3} \div \dfrac{13}{15} = \dfrac{52}{3} \div \dfrac{13}{15} = \dfrac{260}{15} \div \dfrac{13}{15}$

$= 260 \div 13 = 20$(일)

**4** $\dfrac{4}{5} \div \dfrac{1}{10} = \dfrac{8}{10} \div \dfrac{1}{10} = 8$(일)

**5** $5 \div \dfrac{1}{4} = \dfrac{20}{4} \div \dfrac{1}{4} = 20 \div 1 = 20$(일)

---

**03** (분수)÷(분수)를 (분수)×(분수)로 계산하기

step **3** 개념 연결 문제     024~025쪽

**1** 5, 20, 10           **2** ④

**3** (1) 14, 14, 3, $\dfrac{14}{3}$, $4\dfrac{2}{3}$

(2) $\dfrac{4}{3}$, $\dfrac{28}{6}$, $\dfrac{14}{3}$, $4\dfrac{2}{3}$

**4** (1) 풀이 참조    (2) 풀이 참조

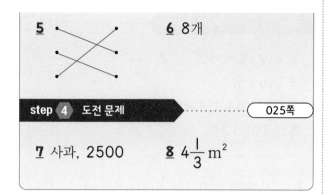

**5** ─ (연결선)

**6** 8개

step **4** 도전 문제 ·········· 025쪽

**7** 사과, 2500

**8** $4\dfrac{1}{3}$ m²

---

**2** $\dfrac{5}{8} \div \dfrac{2}{5}$ 를 곱셈식으로 나타내면 $\dfrac{5}{8} \times \dfrac{5}{2}$ 가 됩니다.

**4** (1) $\dfrac{9}{8} \div \dfrac{3}{4} = \dfrac{\cancel{9}^{3}}{\cancel{8}_{2}} \times \dfrac{\cancel{4}}{\cancel{3}_{1}} = \dfrac{3}{2} = 1\dfrac{1}{2}$

(2) $2\dfrac{2}{5} \div \dfrac{2}{3} = \dfrac{\cancel{12}^{6}}{5} \times \dfrac{3}{\cancel{2}_{1}} = \dfrac{18}{5} = 3\dfrac{3}{5}$

**5** $5 \div \dfrac{2}{5} = 5 \times \dfrac{5}{2} = \dfrac{25}{2} = 12\dfrac{1}{2}$

$3 \div \dfrac{4}{7} = 3 \times \dfrac{7}{4} = \dfrac{21}{4} = 5\dfrac{1}{4}$

$3 \div \dfrac{2}{9} = 3 \times \dfrac{9}{2} = \dfrac{27}{2} = 13\dfrac{1}{2}$

**6** $\dfrac{6}{5} \div \dfrac{3}{20} = \dfrac{\cancel{6}^{2}}{5} \times \dfrac{\cancel{20}^{4}}{\cancel{3}_{1}} = 8$ 이므로 이 정다각형은 정팔각형입니다.

따라서 변의 수는 8개입니다.

**7** 사과주스는 $\dfrac{2}{5}$ L에 4000원이므로 1 L에 얼마인지 구하면

$4000 \div \dfrac{2}{5} = \cancel{4000}^{2000} \times \dfrac{5}{\cancel{2}} = 10000$원입니다.

수박주스는 $\dfrac{3}{5}$ L에 4500원이므로 1 L에 얼마인지 구하면

$4500 \div \dfrac{3}{5} = \cancel{4500}^{1500} \times \dfrac{5}{\cancel{3}} = 7500$원입니다.

따라서 사과주스가 2500원 더 비쌉니다.

---

**8** 벽의 넓이는

$10 \times 3\dfrac{1}{4} = \cancel{10}^{5} \times \dfrac{13}{\cancel{4}_{2}} = \dfrac{65}{2} = 32\dfrac{1}{2}$ (m²)가 됩니다.

1 L의 페인트로 몇 m²의 벽을 칠했는지 구하려면

$32\dfrac{1}{2} \div 7\dfrac{1}{2} = \dfrac{65}{2} \div \dfrac{15}{2} = \dfrac{\cancel{65}^{13}}{\cancel{2}} \times \dfrac{\cancel{2}}{\cancel{15}_{3}} = \dfrac{13}{3}$

$= 4\dfrac{1}{3}$ (m²)

입니다.

step **5** 수학 문해력 기르기 ·········· 027쪽

**1** 베이커리 맛집

**2** ㉢, ㉦

**3** $1\dfrac{1}{5}$ kg

**4** 12000원

**5** (식) $14\dfrac{7}{10} \div \dfrac{7}{20} = 42$ (답) 42개

---

**2** 마들렌과 소금빵은 언급하지 않았습니다.

**3** $\dfrac{2}{3}$가 아니라 1을 모두 채웠을 때의 무게를 구하려면 $\dfrac{1}{3}$이 $\dfrac{2}{5}$ kg가 되므로 한 박스는 그 3배인 $\dfrac{6}{5}$ kg이 됩니다.

**4** 1 kg에 10000원이므로 $\dfrac{1}{5}$ kg은 2000원입니다.

그러므로 $\dfrac{6}{5}$ kg은

10000+2000=12000(원)입니다.

**5** 우유는 $14\dfrac{7}{10}$ L 가 있고, 하나의 케이크를 만들기 위해서 $\dfrac{7}{20}$ L가 필요하므로

$$14\frac{7}{10} \div \frac{7}{20} = \frac{\overset{21}{\cancel{147}}}{\cancel{10}} \times \frac{\overset{2}{\cancel{20}}}{\cancel{7}} = 42$$ 이므로 $42$

개의 케이크를 만들 수 있습니다.

## 04 자릿수가 같은 (소수)÷(소수)

### step 3 개념 연결 문제 — 030~031쪽

**1** 풀이 참조; 8

**2** (위에서부터) 4, 4, 6

**3** (위에서부터) 10, 10, 336, 6, 56, 56

**4** (위에서부터) 217, 7, 217, 31, 31

**5** (1) (위에서부터) 9, 90, 900

　(2) (위에서부터) 45, 45, 45

**6** (1) 풀이 참조　(2) 풀이 참조

### step 4 도전 문제 — 031쪽

**7** ①

**8** (식) $5.04 \div 0.06 = 84$ (답) $84$

**1**

**6** (1) $5.6 \div 0.4 = \dfrac{56}{10} \div \dfrac{4}{10} = 56 \div 4 = 14$

　(2) $6.5 \div 0.5 = \dfrac{65}{10} \div \dfrac{5}{10} = 65 \div 5 = 13$

**7** 같은 수에서 가장 작은 수로 나누어야 몫이
가장 큽니다.
① 80　② 64　③ 20　④ 10　⑤ 5

**8** 나누는 수와 나누어지는 수를 100배 한 것
이 504÷6이므로 원래의 식은
5.04÷0.06입니다.
따라서 식은 5.04÷0.06이고 계산 결과는
504÷6과 같은 84입니다.

---

### step 5 수학 문해력 기르기 — 033쪽

**1** 보령 해저 터널　　**2** ⑤

**3** 2.6 km

**4** (식) $9.5 \div 1.9 = 5$ (답) 5분

**5** 13분, 12분

**2** ⑤ 보령 해저 터널의 길이는 6.9 km입니다.

**3** $9.5 - 6.9 = 2.6$(km) 차이가 납니다.

**4** 세계에서 가장 긴 해저 터널은 일본 도쿄 아
쿠아라인(9.5 km)입니다. $9.5 \div 1.9 = 5$이
므로 5분 만에 통과할 수 있습니다.

**5** 에이크순: $7.8 \div 0.6 = 13$(분)
오슬로피오르: $7.2 \div 0.6 = 12$(분)

## 05 자릿수가 다른 (소수)÷(소수)

### step 3 개념 연결 문제 — 036~037쪽

**1** (1) 161.2, 2.6　(2) 26, 1.8

**2** (1) 풀이 참조　(2) 풀이 참조

**3** (1) >　(2) <　　**4** 9.1

**5** 5.4배　　　　　　**6** 12.8 km

### step 4 도전 문제 — 037쪽

**7** 92분　　　　**8** 4 cm

**2** (1)
```
          1.8
   ┌─────────
8.4)1 5.1 2
     8 4
   ───────
       6 7 2
       6 7 2
   ───────
           0
```
(2)
```
          3.7
   ┌─────────
6.2)2 2.9 4
     1 8 6
   ───────
       4 3 4
       4 3 4
   ───────
           0
```

**3** (1) $3.84 \div 0.4 = 9.6$이고,
$1.18 \div 0.2 = 5.9$이므로 $3.84 \div 0.4$가

더 큽니다.

(2) $15.2 \div 0.8 = 19$이고,
$9.12 \div 0.4 = 22.8$이므로 $9.12 \div 0.4$
가 더 큽니다.

4 ㉠ $9.54 \div 1.8 = 5.3$
㉡ $6.08 \div 1.6 = 3.8$
이므로 몫의 합은 $5.3 + 3.8 = 9.1$입니다.

5 자전거를 탄 거리는 아버지가 $22.68$ km,
가을이는 $4.2$ km이므로
$22.68 \div 4.2 = 5.4$입니다. 아버지는 가을
이보다 $5.4$배의 거리를 자전거로 탔습니다.

6 연료 $8.96$ L를 넣었을 때 달릴 수 있는 거
리는 $8.96 \div 0.7 = 12.8$(km)입니다.

7 탄 양초의 길이는 $20 - 6.2 = 13.8$(cm)
이고, 1분에 $0.15$ cm씩 일정한 길이로 타
기 때문에 $13.8 \div 0.15 = 92$(분)입니다.

8 삼각형 ㄱㄴㄷ의 넓이는 $13.44$ cm$^2$이고 삼
각형 ㄹㅁㄷ의 넓이의 $1.4$배이므로
(삼각형 ㄹㅁㄷ의 넓이)
$= 13.44 \div 1.4 = 9.6$(cm$^2$)입니다.
(선분 ㅁㄷ의 길이)$\times 4.8 \div 2 = 9.6$(cm$^2$)이
므로 (선분 ㅁㄷ의 길이)$\times 2.4 = 9.6$이고,
(선분 ㅁㄷ의 길이)$= 9.6 \div 2.4 = 4$(cm)입니
다.

1 ③                    2 ④

3 (1) $1.5$ m
  (2) (위에서부터) $58.5$, $1.5$, $1.5$
  (3) $26$   (4) 경도 비만

4 $20$, 정상

1 이 글은 고도 비만이 많은 건강상의 문제를
가져오기 때문에 고도 비만이 위험하다고 이

야기하고 있습니다.

2 ④ 고도 비만으로 인한 만성 질환의 종류들
을 보면 백내장도 있습니다.

3 (3) BMI지수$= \dfrac{58.5(\text{kg})}{1.5(\text{m}) \times 1.5(\text{m})}$
$= \dfrac{58.5}{2.25} = 58.5 \div 2.25 = 26$

4 BMI지수$= \dfrac{51.2(\text{kg})}{1.6(\text{m}) \times 1.6(\text{m})}$
$= \dfrac{51.2}{2.56}$이므로
$51.2 \div 2.56 = 20$입니다.
따라서 이 사람은 정상 범위에 들어갑니다.

1 (1) (앞에서부터) $350$, $14$, $25$
  (2) (앞에서부터) $1100$, $5$, $220$

2 (1) $12$   (2) $70$    3 (1) $>$   (2) $<$

4 풀이 참조        5 풀이 참조

6 $14$

7 $52$그루                8 $8$

3 (1) $256 \div 0.4 = 640$이고,
$416 \div 0.8 = 520$이므로 $256 \div 0.4$가
더 큽니다.

(2) $73 \div 36.5 = 2$이고, $30 \div 7.5 = 4$이므
로 $30 \div 7.5$가 더 큽니다.

4

**5**

$$
\begin{array}{r}
3\,4 \\
1.5\,)\overline{5\,1.0} \\
\underline{4\,5} \\
6\,0 \\
\underline{6\,0} \\
0
\end{array}
$$

**6** 직사각형의 넓이는 가로의 길이와 세로의 길이의 곱이므로

$4.5 ×$ (가로의 길이)$=63(cm^2)$이므로

(가로의 길이)$=63÷4.5=14(cm)$입니다.

**7** $585÷11.25=52$(그루)

**8** (어떤 수)$×4.5=162$이므로 어떤 수는

$162÷4.5=36$입니다.

바르게 계산한 값은 $36÷4.5=8$입니다.

step **5**  수학 문해력 기르기 ━━━ 045쪽

**1** 예 빛이 비추는 면의 밝기, 럭스(lux)

**2** 풀이 참조

**3** (1) 0.25럭스  (2) 4배

(3) 식 $500÷0.25=2000$

답 2000배

**4** 500배

**1** 형광등이나 손전등에서 나온 빛이 마룻바닥이나 벽면을 비출 때, 비추어진 면의 밝기를 조도라고 합니다.

**2**

**3** (2) $1÷0.25=4$이므로 4배입니다.

(3) 공부하기 좋은 조도는 500럭스이고, 보름달이 뜬 밤, 길의 조도는 0.25이므로 $500÷0.25=2000$이므로 2000배입니다.

**4** $250÷0.5=500$이므로 500배입니다.

**07** 몫을 반올림하기와 나누어 주고 남은 양

step **3**  개념 연결 문제 ━━━ 048~049쪽

**1** 2.4          **2** 47.97

**3** 1.266, 1.27   **4** >

**5** 0.02         **6** 6, 2.2; 6, 2.2

step **4**  도전 문제 ┄┄┄ 049쪽

**7** 풀이 참조; 5명, 2.2 m

**8** 22개

**1** $14.2÷6=2.366……$으로 소수 첫째 자리까지 나타내려면 소수 둘째 자리에서 반올림해야 하므로 2.4입니다.

**2**

$$
\begin{array}{r}
4\,7.9\,6\,7 \\
6.1\,)\overline{2\,9\,2.6} \\
\underline{2\,4\,4} \\
4\,8\,6 \\
\underline{4\,2\,7} \\
5\,9\,0 \\
\underline{5\,4\,9} \\
4\,1\,0 \\
\underline{3\,6\,6} \\
4\,4\,0 \\
\underline{4\,2\,7} \\
1\,3
\end{array}
$$

이므로 소수 셋째 자리에서 반올림하면

47.97입니다.

**3** $7.6÷6=1.266666……$이므로 소수 셋째 자리까지 구한 몫은 1.266이고, 반올림하여 소수 둘째 자리까지 나타내면 1.27입니다.

**4** $5.3÷7=0.75714……$이고 반올림하여 소수 둘째 자리까지 나타내면 0.76입니다. 0.76은 $0.75714……$보다 큽니다.

**5** $2.3÷6=0.383333……$이고 반올림하여 소수 첫째 자리까지 나타내면 0.4이고 버림하여 소수 둘째 자리까지 나타내면 0.38

입니다. 두 수의 차는 $0.4-0.38=0.02$입니다.

**6** 20.2 kg의 체리는 3 kg씩 담으면 6상자에 나누어 담을 수 있고 2.2 kg 남습니다.

**7** 예  방법 1  뺄셈 이용하기

$42.2-8-8-8-8-8=2.2$이므로 다섯 사람에게 나누어 주고 2.2 m가 남습니다.

방법 2  소수의 나눗셈 이용하기

$$
\begin{array}{r}
5\phantom{.0} \\
8\overline{)42.2} \\
\underline{40\phantom{.0}} \\
2.2
\end{array}
$$

**8** 87.1 kg의 흙을 4 kg씩 남김없이 모두 담으려면 21개의 화분에 담고 3.1 kg이 남으나 남김없이 모두 담아야 하므로 모두 22개의 화분이 필요합니다.

**step 5** 수학 문해력 기르기          051쪽

**1** ㉠, ㉣

**2** 예 우리가 보고 있는 지도는 원형의 지구를 평면으로 옮겨 놓은 것이기 때문입니다.

**3** (1) 30.4   (2) 3.3

　(3) $30.4\div3.3$   (4) 9

　(5) (식) $30.4\div9.8=3.1020\cdots\cdots$

　　 (답) 약 3배

**1** ㉡ 우리나라의 약 300배에 달하는 크기입니다.

㉢ 아프리카 대륙의 크기는 30.4백만 km²입니다.

**3** (4)
$$
\begin{array}{r}
9 \\
3.3\overline{)30.4} \\
\underline{29\ 7} \\
0.7
\end{array}
$$
(5)
$$
\begin{array}{r}
3 \\
9.8\overline{)30.4} \\
\underline{29\ 4} \\
1.0
\end{array}
$$

**08** 여러 방향에서 바라보기

**step 3** 개념 연결 문제          054~055쪽

**1** 오른쪽, 왼쪽

**2**

| ① | ② | ③ | ④ |
|---|---|---|---|
| ㉡ | ㉠ | ㉢ | ㉠ |

**3** 풀이 참조

**step 4** 도전 문제          055쪽

**4** 풀이 참조

**3** 예
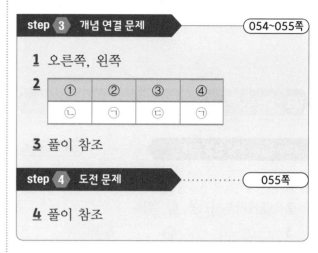

**4** 예
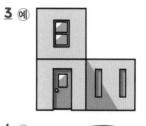

**step 5** 수학 문해력 기르기          057쪽

**1** 기사문

**2** (1) ○   (2) ×   (3) ○

**3** 예 바라보는 방향이 다르기 때문이다.; 조감도로 나타낸 앞으로 개발될 부산항 북항의 모습과 현재 부산항 북항의 모습이기 때문에 달라 보입니다. 등

**4** (1) 위   (2) 앞

　(3) 뒤쪽 비스듬히(뒤쪽도 맞음)

**2** (2) 도시 개발에 있어서는 공원과 녹지 시설
이 **20** %를 차지한다고 합니다.

---

**09** 쌓은 모양과 쌓은 개수 알아보기

**step 3** 개념 연결 문제 ··········· 060~061쪽

**1** ||개

**2** (앞에서부터) 옆, 앞, 위

**3**

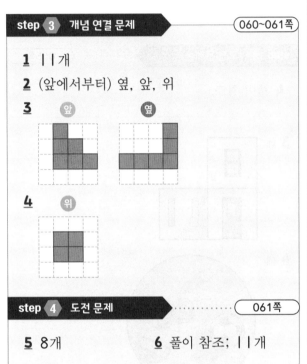

**4**

**step 4** 도전 문제 ·········· 061쪽

**5** 8개      **6** 풀이 참조; ||개

**4** 쌓기나무 **7**개로 만들었기 때문에 숨겨진 부
분에 쌓기나무가 있습니다.

**5**

주어진 조건대로 쌓기나무를 쌓으면 위와 같
이 쌓이게 됩니다.

**6**

위에서 본 모양

---

**step 5** 수학 문해력 기르기      063쪽

**1** ㉡, ㉣      **2** ④

**3**

**4**

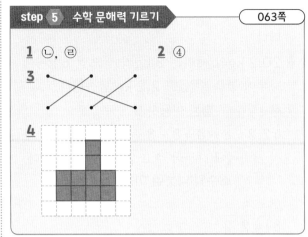

**2** ① 해비타트 **67**은 **1967**년에 만들어져 이름
이 지어진 것입니다.

② 캐나다 퀘벡에 있습니다.

③ 모셰 사프디에 의해 만들어졌습니다.

⑤ 투명하지 않습니다.

---

**10** 정확한 쌓기나무 개수 알아보기

**step 3** 개념 연결 문제 ··········· 066~067쪽

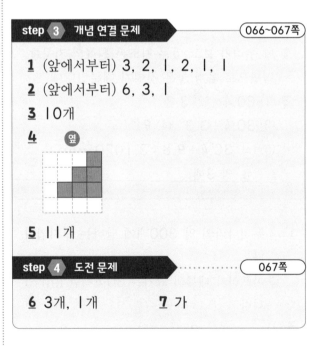

**1** (앞에서부터) 3, 2, 1, 2, 1, 1

**2** (앞에서부터) 6, 3, 1

**3** |0개

**4** 옆

**5** ||개

**step 4** 도전 문제 ·········· 067쪽

**6** 3개, |개      **7** 가

**5** 각각의 칸에 쌓아 놓은 쌓기나무의 개수를
더하면 됩니다.

3+2+2+2+1+1=11(개)

**6** 주어진 조건대로 쌓으면 다음과 같은 모습이
됩니다.

따라서 ㉡에는 3개의 쌓기나무가 필요하고,
㉣에는 1개의 쌓기나무가 필요합니다.

**7** 앞과 옆에서 본 쌓기나무의 개수가 같으려면
앞과 옆에서 쌓기나무를 보았을 때, 가장 많
이 쌓은 개수를 확인해 보면 됩니다. '가'는
앞에 보았을 때 왼쪽부터 가장 높이 쌓은 개
수를 보면 2-4-3이고, 옆에서 보았을 때
도 2-4-3이 되므로 앞과 옆에서 본 모습
이 같을 수밖에 없습니다. 아니면 쌓여 있는
모습을 상상해 보면 다음과 같습니다.

가           나

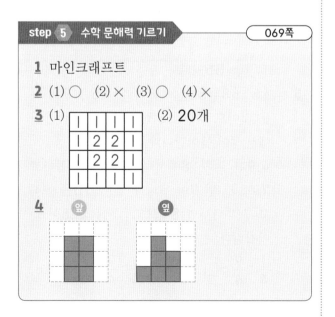

**step 5** 수학 문해력 기르기     069쪽

**1** 마인크래프트

**2** (1) ○  (2) ×  (3) ○  (4) ×

**3** (1)

| 1 | 1 | 1 | 1 |
|---|---|---|---|
| 1 | 2 | 2 | 1 |
| 1 | 2 | 2 | 1 |
| 1 | 1 | 1 | 1 |

    (2) 20개

**4**

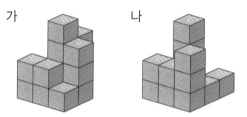

**2** (2) 모든 물질은 큐브 형태로 존재합니다.

    (4) 초보자들은 가장 손쉽게 구할 수 있는 재료
를 활용하여 기초 작업을 진행하는데, 그
중에서도 잔디 큐브를 많이 활용합니다.

**11** 비의 성질

**step 3** 개념 연결 문제     072~073쪽

**1** (위에서부터) 2, 3; 4, 10; 12, 7

**2** (    ) ( ○ ) (    )

**3** 28 : 35         **4** 35

**5** (위에서부터) 12, 3, 12

**6** (1) 8  (2) 7

**7** 10 : 16; 5 : 8, 15 : 24, 20 : 32 등

**step 4** 도전 문제     073쪽

**8** 풀이 참조; 9 : 8    **9** 3 : 2

**2** 전항과 후항에 3을 곱하면 3 : 15가 됩니다.

**3** 4 : 5의 전항과 후항에 7을 곱하면 28 : 35
가 됩니다.

**4** 왼쪽 직사각형의 (세로의 길이) : (가로의 길이)
=3 : 5이고,
오른쪽 직사각형의 (세로의 길이) : (가로의 길이)
=21 : □입니다.
3 : 5 ➡ 21 : □이므로 3 : 5의 전항과 후항
에 7을 곱하면 큰 직사각형의 가로의 길이는
35 cm가 됩니다.

**5** $\frac{1}{3}$에 12를 곱하면 4가 되므로 비의 성질에

따라 전항과 후항에 똑같이 12를 곱하면 전
항은 3이 됩니다.

**6** (1) 500 : 800의 전항과 후항을 100으로
나누면 5 : 8입니다.

9

(2) $0.7 : \dfrac{1}{2}$ 의 전항과 후항에 10을 곱하면

7 : 5입니다.

**7** 10 : 16의 가장 간단한 자연수의 비는 5 : 8 이고, 이 비에서 전항과 후항에 2, 3, 4, 5, 6 …을 곱하면 비율이 같은 비가 됩니다.

**8** 예 $0.45 : \dfrac{2}{5}$ 에서 $\dfrac{2}{5}$ 를 소수로 바꾸면

$\dfrac{2}{5} = \dfrac{4}{10} = 0.4$ 입니다.

$0.45 : 0.4 \Rightarrow 45 : 40 \Rightarrow 9 : 8$ 입니다.

**9** 가을이는 한 시간에 $\dfrac{1}{2}$ 을 읽은 것이고, 봄이 는 한 시간에 $\dfrac{1}{3}$ 을 읽은 것입니다.

따라서 가장 간단한 자연수의 비로 나타내면 $\dfrac{1}{2} : \dfrac{1}{3} = 3 : 2$ 입니다.

---

step 5 수학 문해력 기르기 075쪽

**1** 비율, 일정   **2** ④
**3** 78 : 21   **4** 77 : 22
**5** 7 : 2   **6** 31 : 1

**2** ④ 공기 중 이산화 탄소의 비율은 0.03 %입 니다.

**6** 공기 중 아르곤의 비율은 0.93 %이고, 이산 화 탄소의 비율은 0.03 %입니다.

$0.93 : 0.03 = 93 : 3 = 31 : 1$ 입니다.

---

**12** 비례식과 그 성질

step 3 개념 연결 문제 078~079쪽

**1** 4, 20 ; 5, 16
**2** ( ○ ) (　　) ( ○ )
**3** (앞에서부터) 1, 4, 8
**4** (1) 10   (2) 8   (3) 0.1   (4) 55
**5** ㉠, ㉢, ㉡
**6** 풀이 참조

step 4 도전 문제 079쪽

**7** (앞에서부터) 21, 6, 10
**8** 1 : 2

**2** (1) 2 : 7의 전항과 후항에 4를 곱하면 8 : 28이 됩니다.

(2) 0.4 : 1.5에 10을 곱하면 4 : 15입니다. 1 : 3과 같을 수 없습니다.

(3) $300 : 400 = 3 : 4 = 6 : 8$ 입니다.

**4** (1) 내항의 곱과 외항의 곱은 같으므로 $\square \times 12 = 4 \times 30$ 이므로 $\square = 10$ 입니다.

(2) $6 \times 72 = \square \times 54$ 이므로 $\square = 8$ 입니다.

(3) $\square \times 9 = 0.6 \times 1.5$ 로 $\square \times 9 = 0.9$ 이므 로 $\square = 0.1$ 입니다.

(4) $1.2 \times \square = \dfrac{11}{3} \times 18$, $1.2 \times \square = 66$ 이므 로 $\square = 55$ 입니다.

**5** ㉠ $45 : 63 = 5 : \square$ 에서 전항 45를 9로 나 눈 것이므로 후항 63을 9로 나누면 $\square$ 안 에는 7이 들어갑니다.

㉡ $4.9 : \square = 7 : 8$ 에서 4.9에 10을 곱하고 7로 나누면 7이 됩니다. $\square$ 에 10을 곱하 고 7로 나누면 8이므로 $\square$ 에는 5.6이 들 어갑니다.

㉢ $\dfrac{1}{4} : \dfrac{9}{4} = \square : 36$ 에서 $\dfrac{1}{4} : \dfrac{9}{4} = 1 : 9$ 이고,

9에 4를 곱하면 36이 되므로 □에는 4가 들어갑니다.

따라서 □ 안에 들어갈 수가 가장 큰 수부터 나열하면 ㉠, ㉡, ㉢입니다.

**6** 예 $4\frac{4}{9}:4$를 가장 간단한 자연수의 비로 나타내면

$4\frac{4}{9}:4=\frac{40}{9}:\frac{36}{9}=40:36=10:9$가

됩니다. 이것은 $25:27$과 같을 수 없는 비로 이 비례식은 맞지 않습니다.

다른 풀이

비례식이 맞으려면 외항의 곱과 내항의 곱이 같아야 합니다.

$4\frac{4}{9}:4=25:27$에서 $4\times25=100$이고,

$4\frac{4}{9}\times27=\frac{40}{\overset{}{\underset{1}{9}}}\times\overset{3}{27}=120$이므로 비례식

이 성립하지 않습니다.

**7** 비율이 $\frac{3}{5}$이면 $3:5$이고 이것이 □ $:35$가 되려면 전항과 후항에 7을 곱해야하므로 $21:35$입니다.

$21:35=$□$:$□에서 외항의 곱은 210이므로 $21\times$□$=210$, □$=10$이고, 외항의 곱과 내항의 곱은 같으므로 $35\times$□$=210$, □$=6$입니다.

**8** $1\frac{5}{7}\times㉮=\frac{6}{7}\times㉯$을 비례식으로 나타내면

$\frac{6}{7}:1\frac{5}{7}=㉮:㉯$입니다.

$\frac{6}{7}:1\frac{5}{7}$을 가장 간단한 자연수의 비로 나타내면 $\frac{6}{7}:1\frac{5}{7}=6:12=1:2$입니다.

**1** ③                              **2** ㉢, ㉣
**3** $3:2$                         **4** $1:4,\ 4:5$
**5** 풀이 참조

**1** 슬라임을 만들기 위해서는 물풀, 물, 렌즈 세척액, 베이킹소다가 필요합니다.

**2** '베이킹소다는 조금씩 넣으면서 섞었다. 베이킹소다를 많이 넣으면 슬라임이 잘 늘어나지 않기 때문에 조금씩 넣으면서 섞는 것이 '꿀팁'이다'라고 되어 있습니다.

**3** 물에 대한 물풀의 비는 $600:400$이고 가장 간단한 자연수의 비는 $600:400=6:4=3:2$입니다.

**4** 물에 대한 렌즈 세척액의 비는 $100:400=1:4$이고, 렌즈 세척액에 대한 베이킹 소다의 비는 $80:100=4:5$입니다.

**5** 예 $1:4$의 비율은 $\frac{1}{4}$이고, $4:5$의 비율은

$\frac{4}{5}$이므로 비율이 같지 않습니다.

**13** 비례식의 활용

**1** (위에서부터) $180,\ 180,\ 360,\ 120;$
$120\ g$
**2** (위에서부터) $3,\ 30,\ 90;\ 90$명
**3** $7\ km$
**4** $5:2000=3:$□, $1200$원
**5** $3000\ g$          **6** $560\ g$
**7** $90\ g$

**8** $10$일          **9** $28000$원

**3** $20:35=4:\square$

$20\times\square=35\times4=140$이므로 $\square=7$입니다. 따라서 $4$분 동안 자동차는 $7\,km$를 달릴 수 있습니다.

**4** $5:2000=3:\square$

$5\times\square=2000\times3=6000$이므로 $\square=1200$입니다. 따라서 $3$자루를 사려면 $1200$원이 필요합니다.

**5** $500:600=2500:\square$

$500:600=5:6$이므로 $5:6=2500:\square$입니다.

$5\times\square=6\times2500=15000$이므로 $\square=3000$입니다. 따라서 사과는 $3000\,g$ 필요합니다.

**6** $8:3=\square:210$

$3\times\square=8\times210=1680$이므로 $\square=560$입니다. 따라서 백미는 $560\,g$을 넣어야 합니다.

**7** $1:10=\square:900$이므로 $\square=90$입니다.

따라서 소금은 $90\,g$ 있어야 합니다.

**8** 일주일 동안 $168$쪽을 읽은 것이므로 다음과 같이 비례식을 세울 수 있습니다.

$408:168=\square:7$

$408:168=51:21$이므로

$51:21=\square:7$입니다.

$51\times7=21\times\square$에서 $\square=17$입니다. 책을 모두 읽으려면 $17$일이 걸립니다. 따라서 $7$일을 읽었으므로 $10$일을 더 읽어야 합니다.

**9** 사과 $8$개의 가격을 $\square$원이라 하고 비례식을 세우면 $2:3000=8:\square$입니다.

➡ $2\times\square=3000\times8$, $2\times\square=24000$, $\square=12000$이므로 사과 $8$개의 가격은 $12000$원입니다.

참외 $8$개의 가격을 $\square$원이라 하고 비례식을 세우면 $3:6000=8:\square$입니다.

➡ $3\times\square=6000\times8$, $3\times\square=48000$, $\square=16000$이므로 참외 $8$개의 가격은

$16000$원입니다.

따라서 사과와 참외를 각각 $8$개씩 사려면 $12000+16000=28000$(원)을 내야 합니다.

---

**1** 내항의 곱과 외항의 곱은 같다는 비례식의 성질이 필요합니다.

(피라미드의 높이):(피라미드의 그림자의 길이)=(막대의 길이):(막대 그림자의 길이)

**2** ㉠, ㉡, ㉢       **3** ②

**4** (1) $31:93=\square:2400$   (2) $8\,m$

---

**2** 탈레스는 다음과 같은 식을 세우면 피라미드의 높이를 구할 수 있다고 했습니다.

'(피라미드 높이):(피라미드 그림자의 길이) =(막대 길이):(막대 그림자의 길이)'

따라서 ㉠, ㉡, ㉢이 필요합니다.

**3** '(나무의 높이):(나무 그림자의 길이)=(막대 길이):(막대 그림자의 길이)'와 같고 단위를 cm로 통일하고, 나무의 높이를 $\square$라고 하면 $\square:2500=20:100$과 같은 식을 세울 수 있습니다.

$\square=500$이 되고, 나무의 높이는 $500\,cm$, 즉 $5\,m$라는 것을 알 수 있습니다.

**4** (2) $31:93=1:3$과 같으므로 $1:3=\square:24$가 됩니다. 외항의 곱과 내항의 곱이 같으므로 $\square=8$이 됩니다.

따라서 나무의 높이는 $8\,m$입니다.

step **3** 개념 연결 문제 ▶ 090~091쪽

**1** (앞에서부터) $1$, $2$, $\dfrac{1}{3}$, $4$ ; $1$, $2$, $\dfrac{2}{3}$, $8$

**2** (위에서부터) $\dfrac{3}{5}$, $270$ ; $\dfrac{2}{5}$, $180$

**3** $24$ kg      **4** $30$개

**5** $7000$원      **6** $13$시간

step **4** 도전 문제 ▶ 091쪽

**7** $1440$ cm²      **8** $27 : 20$

**3** $33 \times \dfrac{8}{3+8} = 24$(kg)

**4** $70$의 $\dfrac{2}{7}$는 동생이 가져갔으므로 $20$개의 사탕은 동생이 갖고 봄이에게는 $50$개의 사탕이 있습니다. 이것을 봄이와 겨울이가 $2 : 3$으로 나누어 가졌으므로 겨울이가 먹은 사탕의 개수는

$50 \times \dfrac{3}{2+3} = 50 \times \dfrac{3}{5} = 30$(개)입니다.

**5** $30000$원을 가을이와 동생이 $3 : 2$로 나누어 가질 때, 가을이가 가지게 되는 돈은

$30000 \times \dfrac{3}{3+2} = 30000 \times \dfrac{3}{5}$
$= 18000$(원)

입니다. 그런데 $25000$원을 가졌으므로 동생에게 $7000$원을 주어야 합니다.

**6** 하루는 $24$시간이고, 낮과 밤의 길이의 비가 $1.3 : 1\dfrac{1}{10}$이므로 이것을 가장 간단한 자연수의 비로 나타내면 $13 : 11$이 됩니다. 낮의 길이는 $24 \times \dfrac{13}{13+11} = 24 \times \dfrac{13}{24} = 13$이므로 낮의 길이는 $13$시간입니다.

**7** 밑변과 높이의 비는 $1 : \dfrac{4}{5} = 5 : 4$입니다. 밑

변과 높이의 합이 $108$이므로 밑변의 길이는

$108 \times \dfrac{5}{5+4} = 108 \times \dfrac{5}{9} = 60$(cm)이고,

높이는 $48$ cm입니다.
따라서 삼각형의 넓이는
$60 \times 48 \div 2 = 1440$(cm²)입니다.

**8** 연필 $141$자루를 여름이가 겨울이보다 $21$자루를 더 가지려면 $141$자루 중에서 $21$자루를 여름이가 가지고 나머지를 두 사람이 똑같이 나누면 겨울이는 $60$자루를 가지게 되고, 여름이는 $81$자루를 가지게 됩니다.
여름이와 겨울이가 가지게 되는 연필의 수의 비는 $81 : 60 = 27 : 20$입니다.

step **5** 수학 문해력 기르기 ▶ 093쪽

**1** ㉡, ㉠, ㉣, ㉢

**2** 일부러 낙타를 나눌 수 없도록 하여 형제들끼리 함께 낙타를 키우면서 의좋게 살아가기를 바랐기 때문에

**3** 풀이 참조      **4** $8$마리, $10$마리

**5** $12$마리, $6$마리

**2** '일부러 낙타를 나눌 수 없도록 해서 삼 형제가 함께 낙타를 키우며 의좋게 살아가기를 바란 것이 아닐까?' 부분을 통해 알 수 있습니다.

**3** 예 형제가 가진 낙타 $\dfrac{2}{17}$, $\dfrac{6}{17}$, $\dfrac{9}{17}$는 $\dfrac{2}{18}$,

$\dfrac{6}{18}$, $\dfrac{9}{18}$보다 크기 때문입니다.

**4** 둘째가 가지는 낙타의 수:

$18 \times \dfrac{4}{4+5} = 18 \times \dfrac{4}{9} = 8$(마리)

셋째가 가지는 낙타의 수:

$18 \times \dfrac{5}{4+5} = 18 \times \dfrac{5}{9} = 10$(마리)

**5** 첫째가 가지는 낙타의 수:

$$18 \times \frac{2}{2+1} = 18 \times \frac{2}{3} = 12(마리)$$

셋째가 가지는 낙타의 수:

$$18 \times \frac{1}{2+1} = 18 \times \frac{1}{3} = 6(마리)$$

## 15 원주율

### step 3 개념 연결 문제
096~097쪽

**1** (위에서부터) 원주, 반지름, 중심

**2** (위에서부터) 원주, 원주율

**3** 3.1416   **4** ④

**5** (위에서부터) 3.14, 3.14, 3.14

### step 4 도전 문제
097쪽

**6** =   **7** ㅁ

---

**3** 소수 다섯째 자리에서 반올림하면
3.14159 → 3.1416입니다.

**4** 원주는 지름에 원주율을 곱한 것입니다.

**6** 125.6÷40=3.14, 157÷50=3.14

**7** 원주율은 어떤 원에서든 항상 같습니다.

### step 5 수학 문해력 기르기
099쪽

**1** 파이데이   **2** ④

**3** 3.13

**4** (1) 40 cm, 30 cm   (2) 31.4 cm

---

**2** ④ 파이 만들어 선물하기에 대한 내용은 없습니다.

**3** 100÷32=3.125

소수 셋째 자리에서 반올림하여 소수 둘째 자리까지 구하면 3.13입니다.

---

**4** (1) 정사각형 한 변의 길이는 10 cm이므로 정사각형의 둘레는 40 cm입니다. 정육각형 한 변의 길이는 원의 반지름의 길이와 같으므로 정육각형의 둘레는 30 cm입니다.

(2) (지름)×3.14=10×3.14
=31.4(cm)

## 16 원주와 지름의 길이 구하기

### step 3 개념 연결 문제
102~103쪽

**1** 42 cm   **2** 48, 3, 8

**3** 2, 3.1, 49.6   **4** ㄹ

**5** 7, 3.14   **6** 18 cm

### step 4 도전 문제
103쪽

**7** 3 cm   **8** 49.6 cm

---

**4** ㉠ 반지름의 길이가 5 cm인 원의 원주:
5×2×3=30(cm)

㉡ 지름의 길이가 9 cm인 원의 원주:
9×3=27(cm)

㉢ 원주가 33 cm인 원

㉣ 반지름의 길이가 6 cm인 원의 원주:
6×2×3=36(cm)

**6** 55.8÷3.1=18

**7** 큰 바퀴의 원주가 74.4 cm이므로 큰 바퀴의 지름의 길이는 74.4÷3.1=24(cm)입니다.

큰 바퀴는 작은 바퀴 지름의 4배이므로 작은 바퀴의 지름의 길이는 6 cm이고, 반지름의 길이는 3 cm입니다.

**8** 작은 원의 지름의 길이는 20−4=16(cm)입니다.

따라서 작은 원의 원주는

$16 \times 3.1 = 49.6(\text{cm})$입니다.

**1** 이어달리기

**2** 가을이가 달린 한 바퀴의 거리

**3** (1) 7.5 m  (2) 8 m  (3) 110.24 m

**4** 111.08 m

**3** (3) 가을이는 지름이 16 m인 원과 직선거리 60 m를 달렸습니다.

$$16 \times 3.14 + 60 = 50.24 + 60$$
$$= 110.24(\text{m})$$

**4** 반지름의 길이가 8 m이고, 트랙에서 0.5 m 떨어져 달린다고 생각하면 반지름의 길이는 8.5 m이고 지름의 길이는 17 m입니다.

$$17 \times 3.14 + 28.85 \times 2 = 53.38 + 57.7$$
$$= 111.08(\text{m})$$

**17** 원의 넓이

**1** (1) 400 cm²  (2) 200 cm²

(3) 예 200 cm²와 400 cm² 사이면 됩니다.

**2** (위에서부터) 37.2, 12

**3** 251.1 cm²

**4** ㉡, ㉠, ㉢    **5** 192 cm²

**6** 113.04 cm²    **7** 157 m²

**1** (2) $20 \times 20 \div 2 = 200(\text{cm}^2)$

**2** 직사각형 가로의 길이는 원주의 $\dfrac{1}{2}$입니다.

따라서 (직사각형의 가로의 길이)
$= 24 \times 3.1 \div 2 = 37.2(\text{cm})$입니다.

**3** (원의 넓이) $= 9 \times 9 \times 3.1 = 251.1(\text{cm}^2)$

**4** ㉠ 반지름의 길이가 8 cm인 원의 넓이:

$$8 \times 8 \times 3 = 192(\text{cm}^2)$$

㉡ 넓이가 243 cm²인 원

㉢ 원주가 42 cm인 원의 반지름의 길이는 $42 \div 3 \div 2 = 7(\text{cm})$이므로 이 원의 넓이는 $7 \times 7 \times 3 = 147(\text{cm}^2)$

따라서 넓이가 넓은 것부터 기호를 쓰면 ㉡, ㉠, ㉢입니다.

**5** 봄이가 그릴 수 있는 가장 큰 원은 반지름의 길이가 8 cm인 원입니다. 따라서 원의 넓이는 $8 \times 8 \times 3 = 192(\text{cm}^2)$입니다.

**6** 색칠한 부분의 넓이는 지름이 18 cm인 원의 넓이에서 지름이 6 cm, 12 cm인 원의 넓이를 빼면 됩니다.

$$9 \times 9 \times 3.14$$
$$- (3 \times 3 \times 3.14 + 6 \times 6 \times 3.14)$$
$$= 113.04(\text{cm}^2)$$

**7**

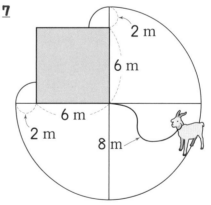

염소가 돌아다니는 원의 넓이는 반지름의 길이가 8 m인 원의 $\dfrac{3}{4}$만큼의 넓이와 반지름의 길이가 2 m인 원의 넓이의 $\dfrac{1}{4}$이 2개, 즉 $\dfrac{2}{4}$만큼의 넓이를 구하면 됩니다.

$$8 \times 8 \times 3.14 \times \frac{3}{4} + 2 \times 2 \times 3.14 \times \frac{2}{4}$$
$$= 157(\text{m}^2)$$

**1** (1) × (2) ○ (3) ×

**2** 예 단순히 도구로 눌힌 것이 아니라 하단에 열을 가해 순간적으로 '굽힌' 흔적이 있는 미스터리 서클도 있기 때문에

**3** (1) 113.04 m² (2) 1017.36 m²

**4** 942 m²

**3** (1) 6×6×3.14=113.04(m²)

(2) 18×18×3.14=1017.36(m²)

**4**

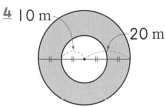
10 m
20 m

이와 같이 색칠된 부분의 넓이를 구하면 됩니다.

색칠된 부분은 반지름이 20 m인 원의 넓이에서 반지름이 10 m인 원의 넓이를 빼면 됩니다.

20×20×3.14−10×10×3.14

=942 m²

**18** 원기둥

**1**

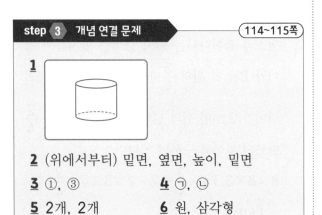

**2** (위에서부터) 밑면, 옆면, 높이, 밑면

**3** ①, ③ **4** ㉠, ㉡

**5** 2개, 2개 **6** 원, 삼각형

**7** 예 두 밑면이 평행하지 않습니다. 하나의 밑면은 원이 아닙니다. 두 밑면이 완전히 겹쳐져야 하는데 그렇지 않습니다. 등

**8** 예 밑면의 모양이 다릅니다. 각기둥은 옆면이 직사각형인데 원기둥의 옆면은 곡면입니다. 등

**4** ㉢ 원기둥에서 두 밑면에 수직인 선분의 길이를 높이라고 합니다.

㉣ 원기둥의 두 밑면은 서로 평행합니다.

**8** 원기둥의 밑면은 원 모양이고, 각기둥의 밑면은 다각형입니다.

원기둥의 옆면은 굽은 곡면이고, 각기둥의 옆면은 직사각형입니다.

**1** ①, ③, ⑤ **2** ㉡

**3** 원기둥, 직육면체 **4** ㉠, ㉢, ㉣, ㉤

**1** ② 측우기는 장영실이 만든 것으로 알려져 있으나 『세종실록』의 기록으로 보아 문종이 만들었다는 설도 존재합니다.

④ 비의 양을 측정한 것은 서양보다 200년 앞섰습니다.

**2** 자가 수직이 되도록 측정해야 합니다.

**4** 자는 긴 직육면체의 모양이고, 피라미드는 사각뿔 모양입니다.

**step 3** 개념 연결 문제 ────────▶ 120~121쪽

**1** 가, 다          **2** 직사각형, 원

**3** 옆면(직사각형)의 가로의 길이

**4** (위에서부터) 밑면, 높이, 옆면

**5** 13 cm

**step 4** 도전 문제 ────────▶ 121쪽

**6** ⑩ 두 밑면이 완전히 겹쳐져야(합동이어야)
하는데 그렇지 않습니다.

**7** 53.68 cm

**5** 전개도에서 옆면의 가로의 길이는 밑면인 원
의 원주와 같습니다.
(지름)×3=39이므로 지름의 길이는 13 cm
입니다.

**7** 밑면의 원의 지름의 길이가 6 cm이므로 옆
면인 직사각형 가로의 길이는
6×3.14=18.84(cm)
따라서 직사각형의 둘레는
(8+18.84)×2=53.68(cm)입니다.

**step 5** 수학 문해력 기르기 ────────▶ 123쪽

**1** ②

**2** ⑩ 착시 효과로 길어 보이기 때문에 더 많
은 음료가 들어 있다고 사람들이 생각하게
되므로

**3** 19.5          **4** 31.6875 cm²

**5** 234 cm²

**1** ② 각기둥과 원기둥의 부피가 같을 때 겉넓
이의 크기를 비교하면 원기둥의 겉넓이가
작기 때문입니다.

**3** 밑면의 지름의 길이는 6.5 cm이고, 옆면의
가로의 길이는 원주와 같으므로
6.5×3=19.5(cm)입니다.

**4** 반지름의 길이가 3.25 cm이므로 한 밑면의
넓이는
3.25×3.25×3=31.6875(cm²)

**5** 옆면의 가로의 길이가 19.5 cm이고, 높이
가 12 cm이므로
19.5×12=234(cm²)

**step 3** 개념 연결 문제 ────────▶ 126~127쪽

**1** 높이          **2** 원뿔

**3** (1) 선분 ㄴㅁ, 선분 ㅁㄹ
    (2) 선분 ㄱㄴ, 선분 ㄱㄷ, 선분 ㄱㄹ

**4** 원뿔

**5** (1) ㉠, ㉢; ㉡, ㉣, ㉤
    (2) ⑩ 밑면이 원입니다. 옆면이 곡면입니다.

**step 4** 도전 문제 ────────▶ 127쪽

**6** 6 cm          **7** ㉣

**6** 원기둥의 높이는 14 cm이고, 원뿔의 높이는
8 cm이므로 두 입체도형 높이의 차는 6 cm
입니다.

**7** 원뿔의 밑면은 1개입니다.

**1** 1904, 어니스트 해뮈

**2** (예) 콘 아이스크림은 발명이라 볼 수 있습니다. 왜냐하면 기존에 있던 것을 찾아낸 것이 아니라 완전히 새로운 종류의 아이스크림을 만들어낸 것이기 때문입니다.

**3** (예) 끝이 뾰족합니다. 옆면이 곡면입니다. 밑면이 원 모양입니다. 등

**4** 원뿔      **5** 풀이 참조

**5** (예) 더 많은 양의 아이스크림을 담을 수 있을 것입니다. 손잡이 부분이 두꺼워지므로 잡기가 조금 불편할 수 있습니다. 아이스크림을 잡는 부분의 면적이 넓어져서 아이스크림 더 빨리 녹을 수도 있습니다. 등

**4** 구의 반지름의 길이가 11 cm이므로 구의 지름의 길이는 22 cm입니다.

**6** 위에서 보면 반지름이 14 cm인 원이므로 원의 지름은 28 cm입니다.
따라서 원의 둘레는 $28 \times 3 = 84$ (cm)입니다.

**7** 구 3개의 중심을 연결하여 만들어진 삼각형은 정삼각형으로 한 변의 길이는 구의 지름의 길이와 같습니다. 따라서 한 변의 길이는 22 cm이고, 삼각형의 둘레는 $22 \times 3 = 66$ (cm)입니다.

**1** 중력, 원심력      **2** 구

**3** 목성      **4** 금성

**21** 구

**1** (1) 있지만, 없습니다에 ○표

(2) 2개, 1개에 ○표

(3) 같습니다에 ○표

**2** (왼쪽에서부터) 구의 중심, 구의 반지름

**3** 10 cm      **4** 22 cm

**5** 16 cm

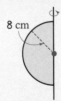
8 cm

**6** 84 cm      **7** 66 cm